Newton, Cotes, Gauss, Jacobi

Vier grundlegende Abhandlungen über

Interpolation und genäherte Quadratur

(1711, 1722, 1814, 1826)

Übersetzt bzw. herausgegeben und mit einem erläuternden Anhang versehen

von

Prof. Dr. Arnold Kowalewski,
Privatdozent der Philosophie in Königsberg i. Pr.

Mit 6 Textfiguren.

Leipzig ◘ Verlag von Veit & Comp. ◘ 1917

Druck von Metzger & Wittig in Leipzig.

Meinem lieben Bruder

Dr. Gerhard Kowalewski

o. ö. Professor der Mathematik an der k. k. deutschen Universität in Prag

zugeeignet

Vorwort.

Meine Bemühungen um die Verbesserung des mathematischen Apparats der experimentellen Psychologie (vgl. meine Studien zur Psychologie des Pessimismus, Wiesbaden 1904, mein Schopenhauerbuch, Halle 1908, sowie die in den Sitzungsberichten der Wiener Akademie, math.-naturwiss. Klasse, 1915/16 veröffentlichten Arbeiten „Bunteste Reihen und Ringe von Elementgruppen. Ein neues Problem der Kombinatorik", „Bunteste Ternen- und Quaternenringe von harmonischer Struktur", „Über isonome harmonische Buntringe und eine merkwürdige zweidimensionale Buntordnung" usw.) führten mich u. a. auch zu einer eingehenden Durchmusterung der Interpolationsmethoden.

Dabei fiel mir auf, daß die psychologische Fachliteratur dieses Hilfsmittel recht stiefmütterlich behandelt. So bietet z. B. nur Alfred Lehmann in seinem vortrefflichen „Lehrbuch der psychologischen Methodik" (Leipzig 1906) eine ausführlichere Besprechung der Interpolation.

Man stellt gewöhnlich die Forderung gleicher Intervalle. Demgegenüber scheint es mir wichtig, auf die Gaussische Interpolationsmethode hinzuweisen, deren Grundgedanke eine ökonomische Ungleichteilung ist zum Zwecke möglichst vorteilhafter Berechnung von Mittelwerten.

Nach einigen ersten Orientierungsversuchen bin ich zu der Überzeugung gekommen, daß hier ein wertvolles Instrument zum Nachteil der Wissenschaft unbenutzt geblieben ist.

Ich will nur ein Moment hervorheben, das sofort die hohe Bedeutung der Gaussischen Methode für psychologische Untersuchungen ins Licht rückt.

Jeder Experimentator muß darauf bedacht sein, bei der Versuchsperson nicht durch zu häufige Eingriffe den natürlichen

Ablauf der Bewußtseinszustände zu stören. Da ist also eine Methode, die mit einer geringeren Zahl von Eingriffen dasselbe zu leisten verspricht, wie eine andere mit einer größeren Zahl, von vornherein als wertvoll zu begrüßen.

Selbstverständlich beschränkt sich der Nutzen der Gaussischen Methode nicht auf dieses Anwendungsgebiet. Überall, wo aus Stichproben Durchschnittswerte zu ermitteln sind, kann sie gute Dienste leisten.

Es erschien mir zweckmäßig, zunächst die halbvergessene Gaussische Abhandlung von 1814 mit ihren wichtigsten Vorarbeiten (Newton, Cotes) und der vereinfachenden Darstellung Jacobis in deutscher Sprache zugänglich zu machen, damit das Interesse an diesem ausgezeichneten mathematischen Werkzeug auch außerhalb des engeren Fachkreises neu belebt werde.

Meinem Bruder und mathematischen Studienfreund Prof. Dr. G. Kowalewski in Prag danke ich für die Mitwirkung an der Korrektur und für verschiedene fachmännische Auskünfte.

Auch möchte ich nicht unterlassen, das hochherzige Entgegenkommen, das mir der Herr Verleger durch Übernahme dieser Schrift in einer für den Buchhandel so überaus schweren Zeit bewiesen hat, rühmend hervorzuheben.

Königsberg i. Pr., im September 1916.

Arnold Kowalewski.

Inhalt.

Die Differentialmethode.

(Von Isaac Newton, 1711.)

Erste Aufstellung.

Die Abszisse einer krummlinigen Figur setze sich aus irgendeiner gegebenen Größe A und einer unbestimmten Größe x zusammen, die Ordinate bestehe aus irgendeiner Anzahl gegebener Größen $b, c, d, e \ldots$, die mit ebensovielen Gliedern der geometrischen Progression $x, x^2, x^3, x^4, \ldots$ der Reihe nach multipliziert sind, und zu gegebenen Abszissenpunkten errichte man die entsprechenden Ordinaten. Dann sage ich, daß man die ersten Differenzen der Ordinaten durch ihre Intervalle dividieren kann, die Differenzen der so dividierten Differenzen durch Paare von Ordinatenintervallen, die Differenzen dieser so dividierten Differenzen durch Ternen von Ordinatenintervallen und so fort ins Unendliche.

Man setze in der Tat für den unbestimmten Teil x der Abszisse nacheinander beliebig gegebene Größen $p, q, r, s, t, \ldots$ und errichte in den Endpunkten der so gegebenen Abszissen die Ordinaten $\alpha, \beta, \gamma, \delta, \varepsilon, \ldots$ Diese Abszissen und Ordinaten, die Ordinatendifferenzen dividiert durch die Abszissendifferenzen (die eben die Ordinatenintervalle sind), die Differenzen dieser Quotienten dividiert durch je zwei aufeinanderfolgende Abszissendifferenzen* usw. sind in folgender Tabelle verzeichnet**:

* Im Original steht irrtümlich „Ordinatendifferenzen".

** Im Original lautet das konstante Glied der Ordinate A. Wir haben es in a verwandelt, weil schon das konstante Glied der Abszisse mit A bezeichnet wird. Beide gleichzusetzen, ist Willkür.

Abszissen	Ordinaten
$A+p$	$a+bp+cp^2+dp^3+ep^4=\alpha$
$A+q$	$a+bq+cq^2+dq^3+eq^4=\beta$
$A+r$	$a+br+cr^2+dr^3+er^4=\gamma$
$A+s$	$a+bs+cs^2+ds^3+es^4=\delta$
$A+t$	$a+bt+ct^2+dt^3+et^4=\varepsilon$
Reihe der divid. Diff.	**Divisionsergebnisse**
$\frac{\alpha-\beta}{p-q}$	$b+c(p+q)+d(p^2+pq+q^2)+e(p^3+p^2q+pq^2+q^3)=\zeta$
$\frac{\beta-\gamma}{q-r}$	$b+c(q+r)+d(q^2+qr+r^2)+e(q^3+q^2r+qr^2+r^3)=\eta$
$\frac{\gamma-\delta}{r-s}$	$b+c(r+s)+d(r^2+rs+s^2)+e(r^3+r^2s+rs^2+s^3)=\vartheta$
$\frac{\delta-\varepsilon}{s-t}$	$b+c(s+t)+d(s^2+st+t^2)+e(s^3+s^2t+st^2+t^3)=\varkappa$
$\frac{\zeta-\eta}{p-r}$	$c+d(p+q+r)+e(p^2+pq+q^2+pr+qr+r^2)=\lambda$
$\frac{\eta-\vartheta}{q-s}$	$c+d(q+r+s)+e(q^2+qr+r^2+qs+rs+s^2)=\mu$
$\frac{\vartheta-\varkappa}{r-t}$	$c+d(r+s+t)+e(r^2+rs+s^2+rt+st+t^2)=\nu$
$\frac{\lambda-\mu}{p-s}$	$d+e(p+q+r+s)=\xi$
$\frac{\mu-\nu}{q-t}$	$d+e(q+r+s+t)=\pi$
$\frac{\xi-\pi}{p-t}$	$e=\sigma$

Zweite Aufstellung.

Unter denselben Voraussetzungen und bei einer endlichen Anzahl von Gliedern $b, c, d, e, \ldots$ behaupte ich, daß der letzte Quotient gleich dem letzten der Glieder $b, c, d, e \ldots$ sein wird, daß ferner durch die übrigen Quotienten[1] die übrigen Glieder $b, c, d, e \ldots$

bestimmt sein werden und mit diesen die krumme Linie parabolischer Natur, die durch die Endpunkte aller Ordinaten hindurchgeht.

In der Tat war in der obigen Tabelle der letzte Quotient σ gleich dem letzten Gliede e. Multipliziert man dieses Glied mit der gegebenen Summe $p + q + r + s$ und subtrahiert es von dem Quotienten ξ, so bleibt das vorletzte Glied d übrig. Nimmt man ferner die bereits bekannten Größen

$$d(p + q + r) + e(p^2 + pq + q^2 + pr + qr + r^2)$$

von dem Quotienten λ fort, so bleibt das vorvorletzte Glied c übrig. Nimmt man weiter die bereits bekannten Größen

$$c(p + q) + d(p^2 + pq + q^2) + e(p^3 + p^2 q + pq^2 + q^3)$$

von dem Quotienten ζ fort, so bleibt das Glied b. Durch ähnliche Rechnung würde man, wenn mehr Glieder da wären, alle durch ebenso viele Ordnungen von Quotienten gewinnen. Werden dann die gegebenen Größen

$$bp + cp^2 + dp^3 + ep^4$$

von der ersten Ordinate α abgezogen, so bleibt das erste Glied a der Ordinate* übrig, und die Größe**

$$a + bx + cx^2 + dx^3 + ex^4$$

stellt die Ordinate der Kurve parabolischer Natur dar, die durch die Endpunkte aller gegebenen Ordinaten hindurchgeht, wenn $A + x$ die Abszisse ist.

Aus diesen Aufstellungen läßt sich das Folgende leicht herleiten.

Dritte Aufstellung.

Man teile eine beliebige Gerade*** $A_1 A_9$ in beliebig viele gleiche Teile $A_1 A_2$, $A_2 A_3$, $A_3 A_4$, $A_4 A_5$, ... und errichte in den Teilpunkten die Parallelen $A_1 B_1$, $A_2 B_2$, $A_3 B_3$, ... Es soll eine geometrische Kurve parabolischer Natur gefunden werden, die durch die Endpunkte B_1, B_2, B_3, ... aller errichteten Strecken hindurchgeht.

* Das Original hat: „A der Abszisse".

** Das Original hat: „$A + bx + cx^2 + \ldots$"

*** Newton läßt den Index 1 immer fort.

Man suche von den errichteten Strecken A_1B_1, A_2B_2, A_3B_3, ... die ersten Differenzen b_1, b_2, b_3, ..., die zweiten c_1, c_2, c_3, ..., die dritten d_1, d_2, d_3, ... usf., bis man zur letzten Differenz gelangt, die hier i_1 ist.

Dann nehme man, mit der letzten Differenz beginnend, in den Kolonnen oder Ordnungen der Differenzen abwechselnd die

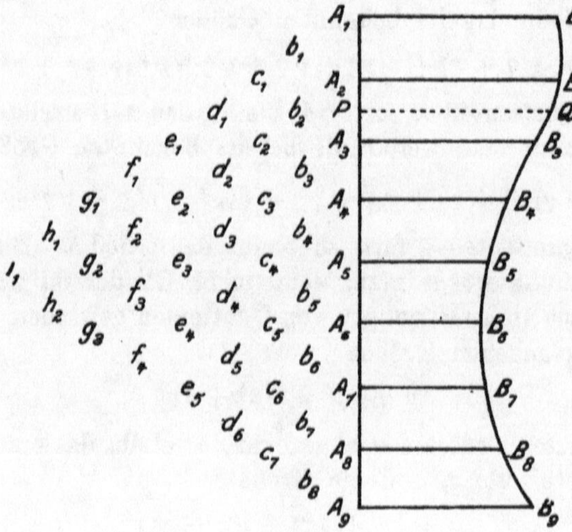

Fig. 1.

mittelsten Differenzen und die arithmetischen Mittel aus den beiden mittelsten. So fahre man ordnungsmäßig fort bis zur Reihe der ersten Glieder A_1B_1, A_2B_2, A_3B_3, ... Auf diese Weise ergebe sich:

$$k, l, m, n, o, p, q, r, s, \ldots,$$

wo das letzte Glied die letzte Differenz bezeichnen möge, das vorletzte das arithmetische Mittel aus den beiden vorletzten Differenzen, das vorvorletzte die mittelste der drei vorvorletzten Differenzen usw. bis zum ersten, welches das mittelste der Glieder* A_1B_1, A_2B_2, A_3B_3, ... sein wird oder das arithmetische Mittel aus den beiden mittelsten. Das erstere ist der Fall bei

* Das Original hat irrtümlich: „A, A_2, A_3".

ungerader, das zweite bei gerader Anzahl der Glieder $A_1 B_1$, $A_2 B_2$, $A_3 B_3$, ...

Erster Fall.

Im ersten Falle sei $A_5 B_5$ jenes mittelste Glied, also

$$A_5 B_5 = k, \quad \frac{b_4 + b_5}{2} = l, \quad c_4 = m, \quad \frac{d_3 + d_4}{2} = n, \quad e_3 = o,$$

$$\frac{f_2 + f_3}{2} = p, \quad g_2 = q, \quad \frac{h_1 + h_2}{2} = r, \quad i_1 = s.$$

Es werde nun die Ordinate PQ errichtet, und man setze

$$A_5 P = x.$$

Faßt man dann die Glieder folgender Progression

$$1, \quad \frac{x}{1}, \quad \frac{x}{2}, \quad \frac{x^2 - 1}{3x}, \quad \frac{x}{4}, \quad \frac{x^2 - 4}{5x}, \quad \frac{x}{6}, \quad \frac{x^2 - 9}{7x},$$

$$\frac{x}{8}, \quad \frac{x^2 - 16}{9x}, \quad \frac{x}{10}, \quad \frac{x^2 - 25}{11x}, \quad \frac{x}{12}, \quad \frac{x^2 - 36}{13x}, \ldots$$

fortlaufend zu Produkten zusammen, so entstehen die Glieder

$$1, \quad x, \quad \frac{x^2}{2}, \quad \frac{x^3 - x}{6}, \quad \frac{x^4 - x^2}{24}, \quad \frac{x^5 - 5x^3 + 4x}{120},$$

$$\frac{x^6 - 5x^4 + 4x^2}{720}, \quad \frac{x^7 - 14x^5 + 49x^3 - 36x}{5040}, \ldots$$

Wenn man mit ihnen die bezüglichen Glieder der Reihe

$$k, \ l, \ m, \ n, \ o, \ p, \ldots$$

multipliziert, so wird das Aggregat dieser Produkte

$$k + xl + \frac{x^2}{2} m + \frac{x^3 - x}{6} n + \frac{x^4 - x^2}{24} o + \frac{x^5 - 5x^3 + 4x}{120} p + \ldots$$

die Länge der Ordinate PQ sein.[2]

Zweiter Fall.

Im zweiten Falle seien $A_4 B_4$, $A_5 B_5$ die beiden mittelsten Glieder, also

$$\frac{A_4 B_4 + A_5 B_5}{2} = k, \quad b_4 = l, \quad \frac{c_3 + c_4}{2} = m,$$

$$d_3 = n, \quad \frac{e_2 + e_3}{2} = o^*, \quad f_2 = p, \quad \frac{g_1 + g_2}{2} = q, \quad h_1 = r.$$

Es werde nun die Ordinate PQ errichtet und man halbiere A_4A_5 in O und setze $OP = x$. Faßt man dann die Glieder folgender Progression

$$1, \quad \frac{x}{1}, \quad \frac{x^2 - \frac{1}{4}}{2x}, \quad \frac{x}{3}, \quad \frac{x^2 - \frac{9}{4}}{4x}, \quad \frac{x}{5}, \quad \frac{x^2 - \frac{25}{4}}{6x},$$

$$\frac{x}{7}, \quad \frac{x^2 - \frac{49}{4}}{8x}, \ldots$$

fortlaufend zu Produkten zusammen, so entstehen die Glieder

$$1, \quad x, \quad \frac{4x^2 - 1}{8}, \quad \frac{4x^3 - x}{24}, \quad \frac{16x^4 - 40x^2 + 9}{384}, \ldots$$

Wenn man mit ihnen die bezüglichen Glieder der Reihe

$$k, l, m, n, o, p, q, \ldots$$

multipliziert, so wird das Aggregat dieser Produkte

$$k + xl + \frac{4x^2 - 1}{8}m + \frac{4x^3 - x}{24}n + \frac{16x^4 - 40x^2 + 9}{384}o + \ldots$$

die Länge der Ordinate PQ sein.[3]

Hierbei ist aber zu bemerken, daß die Intervalle A_1A_2, A_2A_3, A_3A_4, ... als Einheiten vorausgesetzt werden, und daß die Differenzen durch Abziehen der unteren Größen von den oberen gebildet werden müssen. Man hat also A_2B_2 von A_1B_1, A_3B_3 von A_2B_2, b_2 von b_1 usw. abzuziehen und $A_1B_1 - A_2B_2 = b_1$, $A_2B_2 - A_3B_3 = b_2$, $b_1 - b_2 = c_1$ usw. zu setzen. Überdies muß man, wenn sich auf diese Weise negative Differenzen ergeben, die Zeichen ändern.

Vierte Aufstellung.

Man teile eine Gerade in beliebig viele ungleiche Teile A_1A_2, A_2A_3, A_3A_4, A_4A_5, ... und errichte in den Teilpunkten die Parallelen A_1B_1, A_2B_2, A_3B_3, ... Es soll eine geometrische Kurve parabolischer Natur gefunden werden, die durch die Endpunkte B_1, B_2, B_3, ... aller errichteten Strecken hindurchgeht.[4]

* Im Original steht irrtümlich: $e_2 + e_3$ ohne den Nenner 2.

Es seien die Punkte $B_1, B_2, B_3, B_4, B_5, B_6, B_7, \ldots$ gegeben, und man fälle senkrecht auf irgendeine Abszissenachse $A_1 A_7$ die Ordinaten $B_1 A_1, B_2 A_2, \ldots$

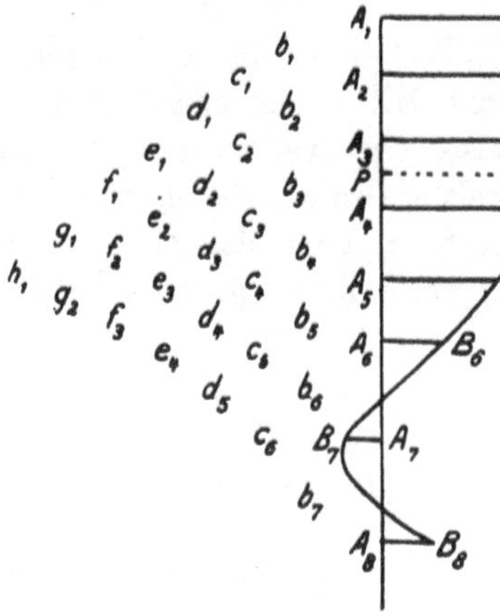

Fig. 2.

Man setze

$$\frac{A_1 B_1 - A_2 B_2}{A_1 A_2} = b_1, \quad \frac{A_2 B_2 - A_3 B_3}{A_2 A_3} = b_2, \quad \frac{A_3 B_3 - A_4 B_4}{A_3 A_4} = b_3,$$

$$\frac{A_4 B_4 - A_5 B_5}{A_4 A_5} = b_4, \quad \frac{A_5 B_5 - A_6 B_6}{A_5 A_6} = b_5, \quad \frac{A_6 B_6 - A_7 B_7}{A_6 A_7} = b_6,$$

$$\frac{A_7 B_7 - A_8 B_8}{A_7 A_8} = b_7, \ldots,$$

darauf

$$\frac{b_1 - b_2}{A_1 A_3} = c_1, \quad \frac{b_2 - b_3}{A_2 A_4} = c_2, \quad \frac{b_3 - b_4}{A_3 A_5} = c_3, \ldots,$$

weiter

$$\frac{c_1 - c_2}{A_1 A_4} = d_1, \quad \frac{c_2 - c_3}{A_2 A_5} = d_2, \quad \frac{c_3 - c_4}{A_3 A_6} = d_3, \ldots,$$

und

$$\frac{d_1 - d_2}{A_1 A_5} = e_1, \quad \frac{d_2 - d_3}{A_2 A_6} = e_2, \quad \frac{d_3 - d_4}{A_3 A_7} = e_3, \ldots$$

So fahre man fort bis zur letzten Differenz.

Nachdem man in dieser Weise die Differenzen gebildet und sie durch die Ordinatenintervalle dividiert hat, nehme man in ihren Kolonnen oder Reihen oder Ordnungen von der letzten beginnend abwechselnd die mittelsten und die arithmetischen

Mittel aus den beiden mittelsten und fahre fort bis zur Reihe der ersten Glieder A_1B_1, A_2B_2, ... Auf diese Weise ergebe sich

$$k,\ l,\ m,\ n,\ o,\ p,\ q,\ r,\ \ldots,$$

wo das letzte Glied die letzte Differenz bezeichnet, das vorletzte das arithmetische Mittel aus den beiden vorletzten, das vorvorletzte das mittelste der drei vorvorletzten usw. Das erste Glied k wird die mittelste Ordinate sein, wenn die Anzahl der gegebenen Punkte ungerade, oder das arithmetische Mittel aus den beiden mittelsten, wenn ihre Anzahl gerade ist.

Erster Fall.

Im ersten Falle sei A_4B_4 die mittelste Ordinate, also

$$A_4B_4 = k, \quad \frac{b_3 + b_4}{2} = l, \quad c_3 = m, \quad \frac{d_2 + d_3}{2} = n,$$

$$e_2 = o, \quad \frac{f_1 + f_2}{2} = p, \quad g_1 = q.$$

Es werde die Ordinate PQ errichtet und auf der Basis A_1A_7 ein beliebiger Punkt O angenommen. Man setze

$$OP = x$$

und fasse die Glieder folgender Progression

$$1, \quad x - OA_4, \quad x - \frac{OA_3 + OA_5}{2}, \quad \frac{(x - OA_3)(x - OA_5)}{x - \frac{1}{2}(OA_3 + OA_5)},$$

$$x - \frac{OA_2 + OA_6}{2}, \quad \frac{(x - OA_2)(x - OA_6)}{x - \frac{1}{2}(OA_2 + OA_6)}, \quad x - \frac{OA_1 + OA_7}{2}$$

fortlaufend zu Produkten zusammen und halte die so entstehende Progression fest; oder, was dasselbe ist, man fasse die Glieder folgender Progression

$$1, \quad x - OA_4, \quad (x - OA_3)(x - OA_5), \quad (x - OA_2)(x - OA_6)$$

fortlaufend zu Produkten zusammen und multipliziere die so entstandenen Glieder mit den entsprechenden Gliedern folgender Progression:

$$1, \quad x - \frac{OA_3 + OA_5}{2}, \quad x - \frac{OA_2 + OA_6}{2}, \quad x - \frac{OA_1 + OA_7}{2}.$$

Dann entstehen die unpaarigen Glieder, während die vollständige Progression lautet

$$1,\quad x - OA_4,\quad x^2 - \frac{OA_3 + 2\,OA_4 + OA_5}{2}x + \frac{OA_3 + OA_5}{2}\cdot OA_4,$$
$$(x - OA_4)(x - OA_3)(x - OA_5),\ \ldots$$

Oder man setze

$$OA_1 = \alpha,\quad OA_2 = \beta,\quad OA_3 = \gamma,\quad OA_4 = \delta,\quad OA_5 = \varepsilon,$$
$$OA_6 = \zeta,\quad OA_7 = \eta;$$
$$\frac{OA_3 + OA_5}{2} = \vartheta,\quad \frac{OA_2 + OA_6}{2} = \chi,\quad \frac{OA_1 + OA_7}{2} = \lambda.$$

Und aus der Progression

$$1,\quad x - \delta,\quad (x-\gamma)(x-\varepsilon),\quad (x-\beta)(x-\zeta),$$

sammle man die Glieder, die mit

$$1,\quad x - \vartheta,\quad x - \chi,\quad x - \lambda$$

multipliziert werden. Dann füge man die fehlenden Zwischenglieder ein, wobei sich die vollständige Reihe

$$1,\quad x - \delta,\quad x^2 - (\delta + \vartheta)x + \delta\vartheta,$$
$$x^3 - (\delta + 2\,\vartheta)x^2 + (\gamma\varepsilon + 2\,\delta\vartheta)x - \gamma\delta\varepsilon,\ \ldots$$

ergibt. Mit ihren Gliedern ist die Reihe $k, l, m, n, o, \ldots$ zu multiplizieren. Das Aggregat der Produkte

$$k + (x - \delta)\,l + [x^2 - (\delta + \vartheta)x + \delta\vartheta]\,m + \ldots$$

wird die Länge der Ordinate PQ sein.

Zweiter Fall.

Im zweiten Falle seien A_4B_4, A_5B_5 die beiden mittelsten Ordinaten, also

$$\frac{A_4B_4 + A_5B_5}{2} = k,\quad b_4 = l,\quad \frac{c_3 + c_4}{2} = m,\quad d_3 = n,$$
$$\frac{e_2 + e_3}{2} = o,\quad f_2 = p,\quad \frac{g_1 + g_2}{2} = q,\quad h_1 = r.$$

Die Koeffizienten der unpaarigen $k, m, o, q, \ldots$ werden durch fortlaufende Multiplikation der Glieder folgender Progression entstehen:

$$1,\ (x - OA_4)(x - OA_5),\ (x - OA_3)(x - OA_6),\ (x - OA_2)(x - OA_7).$$

Die Koeffizienten der übrigen ergeben sich durch Multiplikation dieser mit den Gliedern folgender Progression:

$$x - \frac{OA_4 + OA_5}{2}, \quad x - \frac{OA_3 + OA_6}{2}, \quad x - \frac{OA_2 + OA_7}{2},$$

$$x - \frac{OA_1 + OA_8}{2},$$

d. h. es wird

$$k + \left(x - \frac{OA_4 + OA_5}{2}\right) l + [x^2 - (OA_4 + OA_5)x + OA_4 \cdot OA_5] m + \ldots$$

die Ordinate PQ sein, oder

$$PQ = k + \left.\begin{array}{l} x \\ -\frac{1}{2} OA_4 \\ -\frac{1}{2} OA_5 \end{array}\right\} \left.\begin{array}{l} l + x \\ -OA_4 \end{array}\right\} \left.\begin{array}{l} \cdot x \\ -OA_5 \end{array}\right\} \left.\begin{array}{l} m + x \\ -OA_4 \end{array}\right\} \left.\begin{array}{l} \cdot x \\ -OA_5 \end{array}\right\} \left.\begin{array}{l} \cdot x \\ -\frac{1}{2} OA_3 \\ -\frac{1}{2} OA_6 \end{array}\right\} n + \ldots$$

Oder man setze

$$x - \frac{OA_4 + OA_5}{2} = \pi, \qquad (x - OA_4)(x - OA_5) = \varrho,$$

$$\varrho\left(x - \frac{OA_3 + OA_6}{2}\right) = \sigma, \qquad \varrho(x - OA_3)(x - OA_6) = \tau,$$

$$\tau\left(x - \frac{OA_2 + OA_7}{2}\right) = v, \qquad \tau(x - OA_2)(x - OA_7) = \varphi,$$

$$\varphi\left(x - \frac{OA_1 + OA_8}{2}\right) = \chi.$$

Dann wird

$$k + \pi l + \varrho m + \sigma n + \tau o + v p + \varphi q + \chi r = PQ$$

sein.

Fünfte Aufstellung.

Wenn irgendwieviele Glieder einer beliebigen Reihe, auf bestimmte Intervalle verteilt, gegeben sind, ein beliebiges Zwischenglied möglichst angenähert zu finden.

Auf einer Geraden von gegebener Lage errichte man senkrecht die gegebenen Glieder, getrennt durch die gegebenen Intervalle. Durch die Endpunkte der Lote werde nach den vorigen Aufstellungen eine krumme Linie parabolischer Natur gelegt. Sie wird alle Zwischenglieder die ganze Reihe hindurch treffen.

Sechste Aufstellung.

Eine krummlinige Figur, von der einige Ordinaten gefunden werden können, möglichst genau zu quadrieren.

Man ziehe durch die Endpunkte der Ordinaten eine Kurve parabolischer Natur mit Hilfe der vorhergehenden Aufstellungen. Sie wird nämlich eine Figur begrenzen, die immer quadriert werden kann, und deren Fläche ziemlich genau gleich der Fläche der vorgelegten Figur sein wird.

Anmerkung.

Diese Aufstellungen sind nützlich zur Herstellung von Tafeln durch Interpolation von Reihen, sowie zur Lösung von Problemen, die von der Quadratur der Kurven abhängen, besonders wenn die Intervalle der Ordinaten klein und untereinander gleich sind und man für jede gegebene Anzahl von Ordinaten Regeln herstellt und für den Gebrauch aufbewahrt. Liegen z. B. vier Ordinaten in gleichen Intervallen vor, so sei A die Summe aus der ersten und vierten, B die Summe der zweiten und dritten und R das Intervall zwischen der ersten und vierten. Dann wird die neue Ordinate in der Mitte aller $\frac{9B-A}{16}$ sein und die ganze Fläche zwischen der ersten und vierten $\frac{A+3B}{8} \cdot R$.

Man beachte noch folgendes. Wenn die Ordinaten gleiche Abstände voneinander haben und man die Summen der Ordinaten nimmt, die von der mittleren Ordinate gleich weit entfernt sind, und das Doppelte der mittleren Ordinate, so wird eine neue Kurve zusammengesetzt, deren Fläche durch weniger Ordinaten bestimmt wird und gleich der Fläche der vorigen Kurve ist, die man finden sollte. Ja man kann auch als neue Ordinaten die Summe der ersten und zweiten Ordinate, die Summe der dritten und vierten, die Summe der fünften und sechsten nehmen usw., oder die Summe der drei ersten Ordinaten, die Summe der drei nächsten, die Summe der drei weiter folgenden, oder die Summe von je vier oder die von je fünf Ordinaten. Die Fläche der neuen Kurve wird gleich sein der Fläche der zuerst vorgelegten Kurve. Und so wird, wenn man irgendeine Anzahl von Ordinaten der zu quadrierenden Kurve hat, die Quadratur derselben auf die Quadratur einer anderen Kurve durch weniger Ordinaten zurückgeführt werden.

Durch irgendeine Anzahl gegebener Punkte lassen sich aber nicht nur Kurven von parabolischer Natur, sondern auch unzählige andere von verschiedenen Arten legen.

Es seien CDE, FGH zwei Kurven mit der gemeinsamen Abszisse AB und den auf derselben Geraden liegenden Ordinaten BD, BG, und die Beziehung zwischen diesen Ordinaten werde durch irgendeine Gleichung definiert. Es mögen Punkte in beliebiger Anzahl gegeben sein, durch welche die Kurve CDE hindurchgehen muß. Durch jene Gleichung werden dann ebenso viele neue Punkte sich ergeben, durch welche die Kurve FGH hindurchgehen wird. Man beschreibe mittels der früheren Aufstellungen die Kurve FGH von parabolischer Natur, welche durch alle jene neuen Punkte geht. Dann wird durch dieselbe Gleichung die Kurve CDE geliefert werden, die durch alle zuerst gegebenen Punkte hindurchgeht.

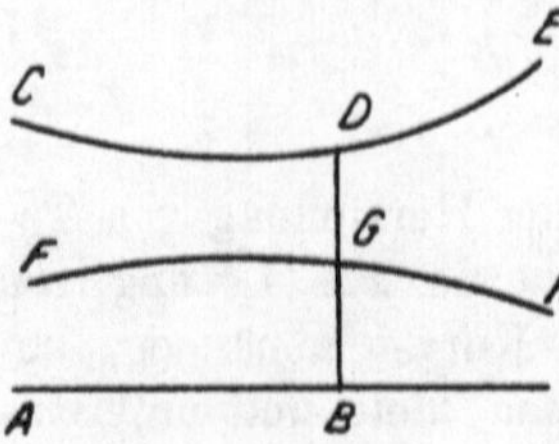

Fig. 3.

Über die Newtonsche Differentialmethode.

(Von Roger Cotes, 1722.)

Unser berühmter Newton lehrt gegen Ende des dritten Buches seiner Prinzipien der Naturphilosophie, wie man aus irgendeiner Anzahl beobachteter Örter eines Kometen den Ort desselben für irgendeine Zwischenzeit findet. Bei dieser Gelegenheit beschreibt er jene berühmte und sehr allgemeine Methode, durch beliebig viele gegebene Punkte eine geometrische Kurve zu ziehen[1], eine Methode, die er einmal in einem Briefe an Leibniz mit Recht zu den schönsten

Errungenschaften zählte.[2] Diese werde ich nun, da sie von großer Wichtigkeit besonders in astronomischen Dingen ist und, soviel ich weiß, bis jetzt noch niemand eine Begründung des Verfahrens entwickelt hat, im folgenden etwas ausführlicher darlegen und noch einiges von mir selbst hinzufügen.

Erste Aufstellung. Lehrsatz.

Es sei eine beliebige Reihe von Größen vorgelegt. Wenn man alle Produkte von irgendeiner Dimension, die sich aus allen, mit Ausnahme der letzten, bilden lassen, zu einer Summe vereinigt und ebenso alle Produkte derselben Dimension, die sich aus allen, mit Ausnahme der ersten, bilden lassen, zu einer Summe vereinigt, um dann die zweite Summe von der ersten abzuziehen und den Rest durch die Differenz zu dividieren, die durch Subtraktion der letzten der vorgelegten Größen von der ersten entsteht, so behaupte ich, daß die durch solche Division sich ergebende Größe gleich ist der Summe aller Produkte von der nächst niedrigeren Dimension, die sich aus der ganzen Reihe der vorgelegten Größen bilden lassen.

1. Beispiel. Wenn die vorgelegte Reihe nur aus zwei Größen a und b besteht, und die aus diesen zu bildenden Produkte von vierter Dimension sind, so ist das einzige Produkt aus allen, mit Ausnahme der letzten, d. h. aus der ersten, a^4, und das einzige Produkt aus allen, mit Ausnahme der ersten, d. h. aus der letzten, b^4. Zieht man dies von dem ersteren ab, so wird sich der Rest $a^4 - b^4$ ergeben. Dividiert man ihn durch $a - b$, so erhält man

$$a^3 + a^2 b + a b^2 + b^3,$$

also wirklich die Summe aus allen Produkten dritter Dimension, die sich aus der ganzen Reihe der Größen a und b bilden lassen.

2. Beispiel. Die vorgelegte Reihe bestehe nunmehr aus drei Größen a, b, c und es seien die aus ihnen zu bildenden Produkte von dritter Dimension. Die Summe der Produkte aus allen, mit Ausnahme der letzten, wird also sein

$$a^3 + a^2 b + a b^2 + b^3$$

und die Summe der Produkte aus allen, mit Ausnahme der ersten, wird sein

$$b^3 + b^2 c + b c^2 + c^3.$$

Man subtrahiere diese Summe von der ersteren. Dann bleibt der Rest

$$a^3 + a^2 b + a b^2 - b^2 c - b c^2 - c^3.$$

Dividiert man ihn durch $a - c$, so erhält man

$$a^2 + ab + ac + b^2 + bc + c^2,$$

d. h. die Summe aller Produkte zweiter Dimension, die sich aus der ganzen Reihe der Größen a, b, c bilden lassen.

3. Beispiel. Es werde vorgelegt eine Reihe von vier Größen a, b, c, d, und die aus diesen zu bildenden Produkte seien von zweiter Dimension. Die Summe der Produkte aus allen, mit Ausnahme der letzten, wird also sein

$$a^2 + ab + ac + b^2 + bc + c^2,$$

die Summe der Produkte aus allen, mit Ausnahme der ersten, dagegen

$$b^2 + bc + bd + c^2 + cd + d^2.$$

Man subtrahiere diese Summe von der ersteren. Dann bleibt der Rest

$$a^2 + ab + ac - bd - cd - d^2.$$

Dividiert man ihn durch $a - d$, so erhält man

$$a + b + c + d,$$

also die Summe aller Produkte erster Dimension (wenn man so sagen darf), die sich aus der ganzen Reihe bilden lassen.

4. Beispiel. Wenn eine Reihe von fünf Größen a, b, c, d, e vorgelegt ist und die aus ihnen zu bildenden Produkte von erster Dimension sind, so wird die Summe der Produkte aus allen, mit Ausnahme der letzten,

$$a + b + c + d$$

sein und die Summe der Produkte aus allen, mit Ausnahme der ersten,

$$b + c + d + e.$$

Subtrahiert man die zweite von der ersten, so bleibt der Rest $a - e$. Dividiert man ihn durch $a - e$, so erhält man 1, das einzige Produkt nullter Dimension, das sich aus der ganzen Reihe bilden läßt.

Zweite Aufstellung. Lehrsatz.

Die unbestimmte Gleichung

$$y = f + gx + hx^2 + kx^3 + \dots,$$

von der alle Koeffizienten $f, g, h, k, \dots$ gegeben sind, werde so begrenzt, daß sie sich auf irgendeine gegebene analytische Ordnung bezieht. Für x setze man der Reihe nach irgendwelche verschiedenen Werte $a, b, c, d, e, \dots$ ein, und es mögen sich dabei für y bezüglich die Werte $\alpha, \beta, \gamma, \delta, \varepsilon, \dots$ ergeben. Man stelle diese zusammengehörigen Werte in einer Tabelle einander gegenüber:

$$\begin{array}{ccc||cc||cc|cc|cc|c}
 & & & a & \alpha & & & & & & & \\
 & & \lambda' & & & r' & \varrho' & & & & & \\
 & \mu' & & b & \beta & & & s' & \sigma' & & & \\
\nu' & & \lambda'' & & & r'' & \varrho'' & & & t' & \tau' & \\
 & \mu'' & & c & \gamma & & & s'' & \sigma'' & & & \text{usw.} \\
\nu'' & & \lambda''' & & & r''' & \varrho''' & & & t'' & \tau'' & \\
 & \mu''' & & d & \delta & & & s''' & \sigma''' & & & \\
 & & \lambda'''' & & & r'''' & \varrho'''' & & & & & \\
 & & & e & \varepsilon & & & & & & &
\end{array}$$

und füge die Differenzen hinzu, auf solche Weise, daß

$$\lambda' = a - b, \quad \lambda'' = b - c, \quad \lambda''' = c - d, \quad \lambda'''' = d - e, \dots$$

$$\mu' = a - c, \quad \mu'' = b - d, \quad \mu''' = c - e, \dots$$

$$\nu' = a - d, \quad \nu'' = b - e, \dots$$

ist usw. Ferner sei

$$r' = \alpha - \beta, \quad r'' = \beta - \gamma, \quad r''' = \gamma - \delta, \quad r'''' = \delta - \varepsilon, \dots$$

und dann

$$\varrho' = \frac{r'}{\lambda'}, \quad \varrho'' = \frac{r''}{\lambda''}, \quad \varrho''' = \frac{r'''}{\lambda'''}, \dots$$

Wiederum sei

$$s' = \varrho' - \varrho'', \quad s'' = \varrho'' - \varrho''', \dots$$

und dann

$$\sigma' = \frac{s'}{\mu'}, \quad \sigma'' = \frac{s''}{\mu''}, \dots$$

So fahre man fort.

Dann werden die so dividierten ersten Differenzen ϱ', ϱ'', ϱ''', ... einander und dem Koeffizienten höchsten Grades g gleich sein, wenn die Gleichung von erster Ordnung ist, $y = f + gx$. Es werden die zweiten σ', σ'', σ''', ... einander und dem Koeffizienten höchsten Grades h gleich sein, wenn die Gleichung von zweiter Ordnung ist, $y = f + gx + hx^2$. Die dritten τ', τ'', τ''', ... werden einander und dem Koeffizienten höchsten Grades k gleich sein, wenn die Gleichung von dritter Ordnung ist, $y = f + gx + hx^2 + kx^3$. So kann man fortfahren, von welcher Ordnung auch die Gleichung sein mag.

1. Fall. Es mögen in der vorgelegten Gleichung alle Glieder fehlen, bis auf das vom höchsten Grade, dessen Koeffizient der Einheit gleich sei. Dann wird y gleich einer reinen Potenz von x. Zu welcher Dimension in a, b, c, d, e, ..., daher auch α, β, γ, δ, ε, ... aufsteigen mögen, so ist (nach der 1. Aufstellung) klar, daß ϱ' die Summe aller Produkte der nächst niedrigeren Dimension sein wird, die sich aus den Größen a und b bilden lassen, ϱ'' die Summe aller aus b und c, ϱ''' die Summe aller aus c und d, ϱ'''' die Summe aller aus d und e. Ähnlich wird σ' die Summe aller Produkte der nächst niedrigeren Dimension sein, die sich aus den drei Größen a, b, c bilden lassen, σ'' die Summe aller aus b, c, d, ferner σ''' die Summe aller aus c, d, e. Wiederum werden τ', τ'' die Summen aller Produkte noch niedrigerer Dimension aus je vier Größen sein. So geht es weiter, bis man schließlich auf Einheiten gekommen ist, wie bei dem vierten Beispiel der ersten Aufstellung. Dies muß entweder bei den ersten dividierten Differenzen eintreten oder bei den zweiten oder bei den dritten usw., je nachdem y gleich x ist oder gleich dem Quadrat oder dem Kubus von x usw.

2. Fall. Unter denselben Voraussetzungen sei nun der Wert jenes höchsten Koeffizienten irgendein anderer. Dann wird y gleich einer Potenz von x sein, multipliziert mit jenem Werte. Es werden somit α, β, γ, δ, ε, ... bezüglich gleich derselben Potenz von a, b, c, d, e, ..., multipliziert mit demselben Koeffizienten, und jener Koeffizient wird den ersten und den folgenden Differenzen [3] anhaften. Daher werden jene letzten Differenzen, die im vorigen Falle einzeln der Einheit gleich waren, im vorliegenden Falle einzeln diesem Koeffizienten gleich sein.

3. Fall. Es mögen jetzt beliebig viele Glieder in der Gleichung vorhanden sein. Offenbar werden jene Bestandteile der Differenzen zuerst gleich werden und verschwinden, die aus den niedrigeren Gliedern, dann jene, die aus den höheren hervorgehen, und zuletzt bleiben nur jene übrig, die dem höchsten Gliede entstammen. Es werden daher jene letzten Differenzen auch in diesem Falle einzeln dem Koeffizienten des höchsten Gliedes gleich sein, was zu beweisen war.

Dritte Aufstellung. Problem.

Man denke sich unter denselben Voraussetzungen wenigstens so viele Werte $a, b, c, d, \ldots$ der unbestimmten Größe x gegeben, als die vorgelegte Gleichungsordnung Glieder haben kann. Es seien ferner ebenso viele α, β, γ, $\delta, \ldots$ gegeben als zugehörige Werte der unbestimmten Größe y. Während nun die Gleichung noch unbekannt ist, sei verlangt, den Wert ζ von y zu finden, wenn z als Wert von x angenommen wird.

Man führe alles nach dem Muster der vorigen Aufstellung aus, bis man schließlich erreicht, daß gewisse dividierte Differenzen, etwa τ', τ'', ... gleich sind. Dann nehme man $\lambda = z - a$, $\mu = z - b$, $\nu = z - c$ usw.

			z	ζ						
		λ			r	ϱ				
	μ		a	α			s	σ		
ν		λ'			r'	ϱ'			t	τ
	μ'		b	β			s'	σ'		
ν'		λ''			r''	ϱ''			t'	τ'
	μ''		c	γ			s''	σ''		
ν''		λ'''			r'''	ϱ'''			t''	τ''
	μ'''		d	δ			s'''	σ'''		
		λ''''			r''''	ϱ''''				
			e	ε						

Man muß so weit gehen, bis ebenso viele λ, μ, ν, ... da sind, als ϱ', σ', τ', ... Dann wird sein[4]

$$\zeta = \alpha + \varrho'\lambda + \sigma'\lambda\mu + \tau'\lambda\mu\nu,$$

was gesucht war.

Man bedenke in der Tat, daß

$$r = \zeta - \alpha, \quad \varrho = \frac{r}{\lambda}; \quad s = \varrho - \varrho', \quad \sigma = \frac{s}{\mu}; \quad t = \sigma - \sigma', \quad \tau = \frac{t}{\nu}.$$

Dann werden (nach der 2. Aufstellung) τ, τ', τ'' alle einander gleich sein. Daher wird sein

$$t = \tau\nu = \tau'\nu \qquad \text{und} \qquad \sigma = \sigma' + t = \sigma' + \tau'\nu$$

und

$$s = \sigma\mu = \sigma'\mu + \tau'\mu\nu \quad \text{und} \quad \varrho = \varrho' + s = \varrho' + \sigma'\mu + \tau'\mu\nu$$

und

$$r = \varrho\lambda = \varrho'\lambda + \sigma'\lambda\mu + \tau'\lambda\mu\nu,$$

endlich

$$\zeta = \alpha + r = \alpha + \varrho'\lambda + \sigma'\lambda\mu + \tau'\lambda\mu\nu,$$

was zu beweisen war.

Vierte Aufstellung. Problem.

Bei denselben Voraussetzungen und Daten soll die unbekannte Gleichung ermittelt werden, und zwar durch Bestimmung der Koeffizienten $f, g, h, k, \ldots$ der einzelnen Glieder.

Man setze $x = 0$. Dann wird ζ (welches nach der vorigen Aufstellung zu finden ist) gleich der Größe f sein; wenn nämlich x oder x verschwindet, so verschwinden zugleich die Glieder $gx + hx^2 + kx^3 + \ldots$ und es bleibt f gleich y oder ζ. Nun ziehe man die Bekannte f von beiden Seiten der Gleichung ab und dividiere, was übrig bleibt, durch x. Es ergibt sich so

$$\frac{y-f}{x} = g + hx + kx^2 + \ldots$$

Man setze

$$y' = \frac{y-f}{x}.$$

Dann hat man die niedrigere Gleichung

$$y' = g + hx + kx^2 + \ldots$$

Ebenso schreibe man für $\alpha, \beta, \gamma, \delta, \varepsilon, \ldots$ in der Tabelle α' $\beta', \gamma', \delta', \varepsilon', \ldots$, so daß

$$\alpha' = \frac{\alpha - f}{a}, \quad \beta' = \frac{\beta - f}{b}, \ldots$$

ist. Nun setze man von neuem $x = 0$. Dann wird ζ (welches nach der vorigen Aufstellung zu finden ist) gleich der Größs g sein aus den oben angegebenen Gründen. Durch Wiederholung dieses Verfahrens wird man die Gleichung fortgesetzt herabdrücken, bis schließlich alle Koeffizienten bestimmt sind, wie es verlangt war.

Dasselbe auf andere Weise.

Es steht nach der 2. Aufstellung fest, daß die letzten dividierten Differenzen gleich dem Koeffizienten k des höchsten Gliedes sind. Daher wird jener Koeffizient k bekannt werden, indem man nach der oben beschriebenen Methode die Differenzen nimmt. Nun ziehe man das höchste Glied kx^3 von beiden Seiten der Gleichung ab. Dann erhält man

$$y - kx^3 = f + gx + hx^2.$$

Man setze $y' = y - kx^3$. Dann hat man die niedrigere Gleichung

$$y' = f + gx + hx^2.$$

Ebenso schreibe man für $\alpha, \beta, \gamma, \delta, \ldots$ in der Tabelle $\alpha', \beta', \gamma', \delta', \ldots$, so daß $\alpha' = \alpha - ka^3$, $\beta' = \beta - kb^3, \ldots$ ist. Man nehme wiederum die Differenzen, um den Koeffizienten h des höchsten Gliedes dieser neuen Gleichung zu erhalten. Durch Wiederholung des Verfahrens wird man die Gleichung fortgesetzt herabdrücken, bis schließlich alle Koeffizienten bestimmt sind, was zu leisten war.

Fünfte Aufstellung. Lehrsatz.

Zwischen beliebig vielen gegebenen Größen $a, b, c, d, \ldots$, unter denen es keine gleichen gibt, und ebenso vielen gegebenen Größen irgendwelcher Art $\alpha, \beta, \gamma, \delta, \ldots$ mag eine beliebige Beziehung, von jeder zu jeder, bestehen. Nennt man unter den ersteren Größen irgendeine unbestimmt x und die ihr entsprechende unter den letzteren unbestimmt y, so wird diese Beziehung sich immer durch eine Gleichung von folgender Form ausdrücken lassen

$$y = f + gx + hx^2 + kx^3 + \ldots$$

Sie hat auf der anderen, dem y gleichen Seite so viele Glieder, als gegebene Größen $a, b, c, d, \ldots$ oder α, β $\gamma, \delta, \ldots$ da sind.

Es seien drei Größen a, b, c gegeben und ebenso drei andere α, β, γ. Ich behaupte, daß sich Koeffizientenwerte f, g, h finden lassen, die der aufgestellten Behauptung genügen. Man hat nämlich zur Auffindung dieser drei Werte drei verschiedene Gleichungen

$$\alpha = f + ga + ha^2,$$
$$\beta = f + gb + hb^2,$$
$$\gamma = f + gc + hc^2.$$

Daher lassen sich f, g, h nach bekannten Gesetzen der Analysis finden. Nach ähnlicher Methode wird sich die Richtigkeit der Aufstellung ergeben, wenn irgendeine andere Anzahl von Größen vorliegt, was zu beweisen war.

Sechste Aufstellung. Problem.

Die krumme Linie parabolischer Natur zu finden, die durch beliebig viele gegebene Punkte hindurchgeht.

Es seien jene gegebenen Punkte $A, B, C, D, \ldots$, und man ziehe von ihnen nach einer beliebigen geraden Linie HL die Geraden AH, BJ, CK, DL in einer solchen beliebig gegebenen

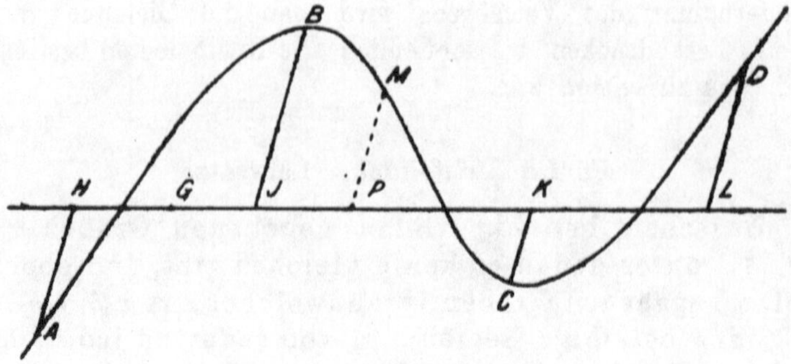

Fig. 4.

Richtung, daß nur eine einzige von diesen denselben Punkt jener trifft. Man denke sich AH, BJ, CK, DL als Ordinaten, die auf den Abszissen GH, GJ, GK, GL stehen, welche von einem gegebenen Punkte G aus gemessen werden. Irgendeine von jenen werde unbestimmt y genannt, irgendeine von diesen x. Es ist dann nach der vorigen Aufstellung klar, daß die Beziehung zwischen Ordinate und Abszisse, von welcher Art sie auch sein mag, immer durch folgende allgemeine Gleichung ausgedrückt werden kann

$$y = f + gx + hx^2 + kx^3 + \dots$$

Hier bezeichnen $f, g, h, k, \dots$ unveränderliche Größen, die aber noch nicht bestimmt sind. Da nun jene Gleichung sich auf eine Kurve parabolischer Natur bezieht, so steht fest, daß eine solche Kurve immer durch gegebene Punkte gelegt werden kann.

Erste Lösung.

Wenn die Länge irgendeiner neuen Ordinate PM gesucht wird, die auf der gegebenen Abszisse GP steht, so schreibe man $\alpha, \beta, \gamma, \delta$ bezüglich für $-HA$, $+JB$, $-KC$, $+LD$ und ebenso a, b, c, d für $-GH$, $+GJ$, $+GK$, $+GL$ und x für $+GP$. Dann wird das nach der 3. Aufstellung zu ermittelnde ζ gleich der gesuchten Ordinate PM sein, was zu leisten war.

Zweite Lösung.

Wenn die Gleichung zu der Kurve gewünscht wird, so läßt sich auch unter denselben Voraussetzungen nach der 4. Aufstellung leicht bestimmen, was zu leisten war.

Zusatz.

Wenn demnach beliebige Größen und ebenso viele andere, von denen sie abhängen, gegeben sind, so wird sich irgendeine gewünschte passend interpolieren lassen. Man braucht nur jene gegebenen Größen durch Ordinaten AH, BJ, CK, $DL, \dots$ darzustellen, die anderen aber, von denen die übrigen abhängen, durch Abszissen GH, GJ, GK, $GL, \dots$ und die einzuschiebende Größe durch die Ordinate PM.

Es wird uns nicht gereuen, ein Beispiel[5] für diese Methode beizufügen. Von der Größe $1 + Q$ seien die Potenzen

$$1, \quad 1 + Q, \quad 1 + 2Q + Q^2, \quad 1 + 3Q + 3Q^2 + Q^3, \dots$$

gegeben, sowie auch ihre Indizes 0, 1, 2, 3, ... Zu finden sei von derselben Größe die Potenz

$$(1 + Q)^{\frac{m}{n}}$$

mit dem Index $\frac{m}{n}$. Man setze $a, b, c, d, \ldots$ bezüglich gleich den gegebenen Indizes $0, 1, 2, 3, \ldots$ und $\alpha, \beta, \gamma, \delta, \ldots$ gleich den gegebenen Potenzen

$$1, \quad 1+Q, \quad 1+2Q+Q^2, \quad 1+3Q+3Q^2+Q^3, \ldots$$

Für x schreibe man den Index $\frac{m}{n}$ der gesuchten Potenz. Dann wird ζ (welches nach der 3. Aufstellung zu ermitteln ist) eben die Potenz sein, die gefunden werden soll. Man erhält in der Tat, wenn man die Rechnung durchführt,

$$\lambda = \frac{m}{n}, \quad \mu = \frac{m-n}{n}, \quad \nu = \frac{m-2n}{n}, \ldots$$

$$\varrho' = Q, \quad \sigma' = \frac{Q^2}{1\cdot 2}, \quad \tau' = \frac{Q^3}{1\cdot 2\cdot 3}, \ldots$$

Hieraus ergibt sich

$$(1+Q)^{\frac{m}{n}} = \zeta = \alpha + \varrho'\lambda + \sigma'\lambda\mu + \tau'\lambda\mu\nu + \ldots$$
$$= 1 + \frac{m}{n}Q + \frac{m}{n}\cdot\frac{m-n}{2n}Q^2 + \frac{m}{n}\cdot\frac{m-n}{2n}\cdot\frac{m-2n}{3n}Q^3 + \ldots$$

Siebente Aufstellung. Problem.

Die Flächen aller Kurven mit größtmöglicher Annäherung zu bestimmen.

Man denke sich durch einige Punkte der vorgelegten Kurve die nach dem letzten Problem zu bestimmende parabolische Kurve gezogen. Ihre Fläche (die sich immer nach wohlbekannten Methoden erhalten läßt), wird dann ziemlich genau mit derjenigen der vorgelegten Kurve übereinstimmen.

Es handle sich um die Kurve *ABCD*. Man beziehe auf die Gerade *KR* irgend wie viele Ordinaten *AK*, *BL*, *CN*, *DR*, ... Aus diesen und den zugehörigen Abszissen, vom Punkte *K* aus gemessen, ergebe sich die Gleichung

$$y = f + gx + hx^2 + kx^3 + \ldots,$$

die die Natur der Kurve ziemlich genau ausdrückt. Dann wird die der Abszisse *KP* oder x und der Ordinate *PM* oder y anliegende Fläche *AKPM*

$$= fx + \tfrac{1}{2}gx^2 + \tfrac{1}{3}hx^3 + \tfrac{1}{4}kx^4 + \ldots$$

sein.

Wünscht man lieber eine geometrische als eine arithmetische Quadratur, so wird die folgende elegant genug sein.[6]

Man ziehe die Parallele Ad zu der Geraden KR. Sie schneide die (nötigenfalls verlängerten) Ordinaten LB, NC, RD in b, c, d. Man nehme LF, NG, RH so zu Bb bzw. Cc, Dd, wie sich eine beliebige Länge KS (S nach Belieben gewählt) zu KL, KN, KR verhält, und trage LF, NG, RH von den Punkten L bzw. N, R in demselben Sinne ab, wie die Linien Bb,

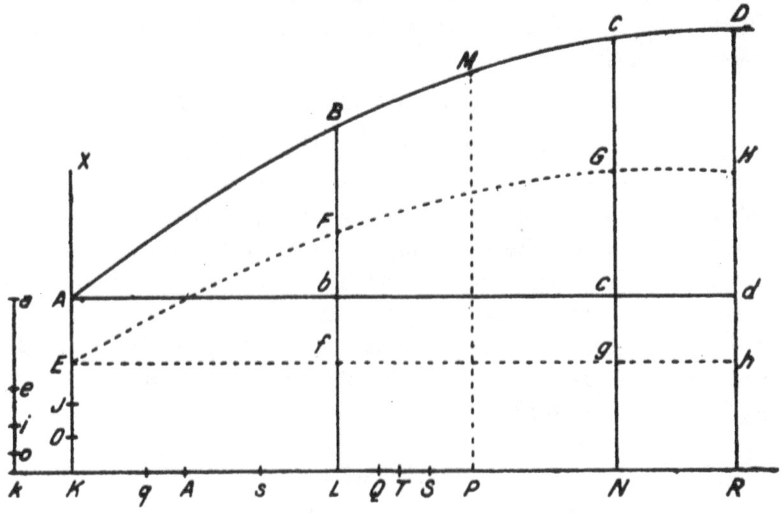

Fig. 5.

Cc, Dd von den Punkten b, c, d aus liegen. Es gehe dann durch die Punkte F, G, H eine Linie und schneide AK in E. Man ziehe wieder Eh parallel zur Geraden KR und bilde unter Wiederholung des Verfahrens eine andere Linie, die AK in J schneidet, dann eine weitere, die AK in O schneidet, bis man zuletzt auf eine Linie kommt, die gerade und parallel zu KR ist. Nun mache man, daß KP, KS, KT, KQ in stetiger Proportion stehen und Ks die Hälfte der Abszisse KP, Kt ein Drittel, Kq ein Viertel derselben ist. Man nehme die Gerade ka gleich der Geraden KA, ebenso ke zu KE, wie Ks zu KS, und ki zu KJ, wie Kt zu KT, endlich ko zu KO, wie Kq sich zu KQ verhält, usf. Dabei trage man ka, ke, ki, ko einzeln in demselben Sinne vom Punkte k aus ab, wie KA bzw.

KE, *KJ*, *KO* vom Punkte *K* aus liegen. Nimmt man jetzt *KX* gleich der Summe aller nach derselben Seite vom Punkte *k* aus gerichteten Stücke oder der Differenz der entgegengesetzt gerichteten, so wird das Rechteck $KX \cdot KP$ ziemlich genau gleich der Fläche *AKPM* sein, was zu leisten war.

Erlaubt man, daß die Punkte *S* und *P* zusammenfallen, so wird die Konstruktion etwas einfacher. Es wird dann nämlich die Gerade *ka* wie vorher gleich der Geraden *KA* sein, die Gerade *ke* aber die Hälfte der Geraden *KE*, die Gerade *ki* ein Drittel der Geraden *KJ*, die Gerade *ko* ein Viertel der Geraden *KO* usf.

Anmerkung.

Es bleiben noch gewisse andere Probleme übrig, die einen nicht zu verachtenden Nutzen in der Astronomie haben. Von solcher Art ist die Bestimmung der größten oder kleinsten Ordinate, ebenso die Bestimmung der Schnittpunkte einer Kurve mit irgendeiner gegebenen Geraden. Dieses aber und anderes dieser Art übergehe ich hier, um ein Übermaß zu vermeiden, zumal es aus der bereits erschlossenen Quelle, deren Gebrauch sich über die ganze Mathematik und Physik weithin ausbreitet, leicht abgeleitet werden kann.

Nachschrift.

Die obigen Aufstellungen, die im Jahre 1707 niedergeschrieben wurden, habe ich meinen akademischen Hörern in einer öffentlichen Vorlesung im Jahre 1709 auseinandergesetzt. Es war mir nämlich unbekannt, daß Newton eine Abhandlung über denselben Gegenstand verfaßt hatte[7], bis ich ein Exemplar davon, gedruckt im Jahre 1711, von dem gelehrten Herausgeber Herrn Jones als Geschenk erhielt, dem ich auch eine Abschrift meiner Entwicklungen durch seine Freundlichkeit bewogen übersandte. Nach Durchsicht der Aufstellungen des berühmten Mannes bemerkte ich, daß ich meistenteils einen verschiedenen Weg gegangen war, was durch Vergleich seiner zweiten Aufstellung mit meiner vierten klar hervortreten wird. Besonders schön und nützlich erschien mir aber die Regel, nach der er aus vier gegebenen Ordinaten, die in gleichen Intervallen liegen, die Fläche zwischen der ersten und letzten mißt.

Die ein wenig fortgesetzte Reihe solcher Regeln füge ich hier unten bei. Die erste von ihnen liefert die Fläche zwischen den äußersten von drei äquidistanten Ordinaten, die zweite gibt die Fläche zwischen den äußersten von vier äquidistanten und wird Newton verdankt, nach der dritten findet man die Fläche aus fünf ähnlich gegebenen usw. Hierbei wird immer A für die Summe der äußersten Ordinaten gesetzt, d. h. für die Summe der ersten und letzten, B für die Summe der nächstäußersten, d. h. für die Summe der zweiten und vorletzten, C für die Summe der folgenden, d. h. für die Summe der dritten und vorvorletzten. So wird die Reihe der Buchstaben $D, E, F, \ldots$ fortgesetzt, bis man entweder zur mittelsten Ordinate gelangt, falls die Anzahl derselben ungerade ist, oder zur Summe der beiden mittelsten, falls die Anzahl gerade ist. Endlich wird das Intervall zwischen den äußersten Ordinaten, d. h. die Basis der zu quadrierenden Fläche, mit dem Buchstaben R bezeichnet[8].

Ordinatenzahl	Flächen
III	$\frac{A+4B}{6}\cdot R$
IV	$\frac{A+3B}{8}\cdot R$
V	$\frac{7A+32B+12C}{90}\cdot R$
VI	$\frac{19A+75B+50C}{288}\cdot R$
VII	$\frac{41A+216B+27C+272D}{840}\cdot R$
VIII	$\frac{751A+3577B+1323C+2989D}{17280}\cdot R$
IX	$\frac{989A+5888B-928C+10496D-4540E}{28350}\cdot R$
X	$\frac{2857A+15741B+1080C+19344D+5778E}{89600}\cdot R$
XI	$\frac{16067A+106300B-48525C+272400D-260550E+427368F}{598752}\cdot R$
	usw.

Neue Methode zur näherungsweisen Auffindung von Integralwerten.

(Von Carl Friedrich Gauss, 1814.)

1.

Unter den zur näherungsweisen numerischen Bestimmung von Integralen vorgeschlagenen Methoden behaupten einen ausgezeichneten Platz die Regeln, welche, nach dem Vorgange des großen Newton, Cotes entwickelt hat. In der Tat, wenn man den Wert des Integrals

$$\int y\,dx,$$

von $x = g$ bis $x = h$ genommen, sucht, so sind die Werte von y für diese äußersten Werte des x und für beliebige andere in gleichen Zuwüchsen fortschreitende Zwischenwerte mit bestimmten numerischen Koeffizienten zu multiplizieren. Dann wird das Aggregat der Produkte mal $h - g$ das gesuchte Integral mit um so größerer Genauigkeit liefern, je mehr Werte in dieser Operation benutzt werden. Da die Prinzipien dieser Methode, welche die Geometer seltener als recht ist anzuwenden scheinen, meines Wissens nirgends ausführlicher erläutert worden sind, so wird es nicht unangebracht sein, darüber etwas vorauszuschicken.

2.

Es sei $n + 1$ die Menge der Glieder, welche man zu benutzen beliebt hat, und wir wollen $h - g = \Delta$ setzen, so daß die Werte von x folgende sind

$$g, \quad g + \frac{\Delta}{n}, \quad g + \frac{2\Delta}{n}, \quad g + \frac{3\Delta}{n} \quad \text{usw.}$$

bis $g + \Delta$, und denselben folgende Werte von y entsprechen A, A', A'', A''' usw. bis $A^{(n)}$: endlich werde unbestimmt

$$x = g + \Delta t$$

gesetzt, so daß y auch als Funktion von t betrachtet werden kann. Bezeichnen wir mit Y die folgende Funktion[1]

$$A \cdot \frac{(nt-1)(nt-2)(nt-3)\ldots(nt-n)}{(-1)\quad(-2)\quad(-3)\quad\ldots\quad(-n)}$$

$$+A' \cdot \frac{nt(nt-2)(nt-3)\ldots(nt-n)}{1\quad(-1)\quad(-2)\quad\ldots\quad(1-n)}$$

$$+A'' \cdot \frac{nt(nt-1)(nt-3)\ldots(nt-n)}{2\quad 1\quad(-1)\quad\ldots\quad(2-n)}$$

$$+A''' \cdot \frac{nt(nt-1)(nt-2)\ldots(nt-n)}{3\quad 2\quad 1\quad\ldots\quad(3-n)}$$

usw.

$$+A^{(n)} \cdot \frac{nt(nt-1)(nt-2)\ldots(nt-n+1)}{n(n-1)\quad(n-2)\quad\ldots\quad 1}$$

oder

$$\sum \frac{A^{(\mu)}\,T^{(\mu)}}{M^{(\mu)}},$$

wo, wenn μ die einzelnen ganzen Zahlen 0, 1, 2, 3 ... n repräsentiert,

$$T^{(\mu)} = \frac{nt(nt-1)(nt-2)(nt-3)\ldots(nt-n)}{nt-\mu},$$

$M^{(\mu)}$ der Wert von T für $nt = \mu$,

Dann wird handgreiflich sein, daß Y eine ganze algebraische Funktion $n$ter Ordnung von t bildet und ihre Werte für die einzelnen $n+1$ Werte von t, nämlich $0, \frac{1}{n}, \frac{2}{n}, \frac{3}{n} \ldots 1$, den Werten von y gleich sind. Weiter ist offenbar, daß, wenn Y' eine andere ganze Funktion bedeutet, die für dieselben Werte mit y übereinstimmt, $Y'-Y$ für dieselben verschwindet und daher durch die Faktoren $t, t-\frac{1}{n}, t-\frac{2}{n}, t-\frac{3}{n} \ldots t-1$ teilbar ist und also auch durch deren Produkt (das von der Ordnung $n+1$ ist). Daher muß zweifellos Y', wenn es nicht geradezu mit Y identisch ist, eine höhere Ordnung erreichen oder Y von allen ganzen die Ordnung n nicht überschreitenden Funktionen die einzige sein, die für jene $n+1$ Werte mit y übereinstimmt. Wenn also y, in eine nach Potenzen von t fortschreitende Reihe entwickelt, vor dem Gliede, das t^{n+1} enthält, überhaupt abbricht, so wird es mit Y identisch sein: wenn es aber wenigstens so rasch konvergiert, daß man die folgenden Glieder vernachlässigen darf, so wird die Funktion Y innerhalb der Grenzen $t=0$, $t=1$ oder $x=g$, $x=h$ die Stelle von y vertreten können.

3.

Nunmehr geht unser Integral

$$\int y\,dx \quad \text{über in} \quad \Delta \int y\,dt,$$

genommen von $t = 0$ bis $t = 1$, wofür wir nach dem soeben Bemerkten

$$\Delta \int Y\,dt$$

einsetzen werden. Durch Entwicklung also von $T^{(\mu)}$ in

$$\alpha t^n + \beta t^{n-1} + \gamma t^{n-2} + \delta t^{n-3} + \text{ usw.}$$

wird

$$\int T^{(\mu)}\,dt,$$

von $t = 0$ bis $t = 1$,

$$= \frac{\alpha}{n+1} + \frac{\beta}{n} + \frac{\gamma}{n-1} + \frac{\delta}{n-2} + \text{ usw.}$$

sein. Wenn man diese Größe $= M^{(\mu)} R^{(\mu)}$ setzt, so wird das gesuchte Integral

$$= \Delta (AR + A'R' + A''R'' + A'''R''' + \text{ usw.} + A^{(n)} R^{(n)})$$

sein.

Wir wollen beispielsweise die Berechnung des Koeffizienten R'' für $n = 5$ hinzufügen. Es ergibt sich hier

$$T'' = 5^5 t^5 - 13 \cdot 5^4 t^4 + 59 \cdot 5^3 t^3 - 107 \cdot 5^2 t^2 + 60 \cdot 5 \cdot t,$$

$$M'' = 2 \times 1 \times (-1) \times (-2) \times (-3) = -12.$$

Daher

$$-12 R'' = \frac{3125}{6} - 1625 + \frac{7375}{4} - \frac{2675}{3} + 150 = -\frac{25}{12},$$

also

$$R'' = \frac{25}{144}.$$

Die Berechnung wird etwas kürzer, wenn man $2t - 1 = u$ setzt. Dann ergibt sich

$$T^{(\mu)} = \frac{(nu+n)(nu+n-2)(nu+n-4)\ldots(nu-n+4)(nu-n+2)(nu-n)}{2^n (nu+n-2\mu)}.$$

Setzen wir

$$\frac{(n^2u^2 - n^2) \cdot [n^2u^2 - (n-2)^2] \cdot [n^2u^2 - (n-4)^2] \cdot [n^2u^2 - (n-6)^2] \ldots}{n^2u^2 - (n-2\mu)^2} = U^{(\mu)},$$

wo der Zähler aufhören muß mit $\ldots(n^2u^2-9)(n^2u^2-1)$, wenn n ungerade ist, oder mit $\ldots(n^2u^2-4)nu$, wenn n gerade ist, und es wird

$$T^{(\mu)} = \frac{(nu-n+2\mu)\,U^{(\mu)}}{2^n}.$$

Nunmehr ist das Integral

$$\int T^{(\mu)}\,dt,$$

von $t=0$ bis $t=1$ genommen, gleich dem Integral

$$\int \frac{1}{2}T^{(\mu)}\,du = \int \frac{nu\,U^{(\mu)}\,du}{2^{n+1}} + \int \frac{(2\mu-n)\,U^{(\mu)}\,du}{2^{n+1}}$$

von $u=-1$ bis $u=+1$.

Wird daher

$$U^{(\mu)} = \alpha u^{n-1} + \beta u^{n-3} + \gamma u^{n-5} + \delta u^{n-7} + \text{usw.}$$

gesetzt (von selbst ist nämlich klar, daß die Potenzen u^{n-2}, u^{n-4}, u^{n-6} usw. fehlen), so wird von dem Integral der Teil

$$\int \frac{nu\,U^{(\mu)}\,du}{2^{n+1}}$$

für einen ungeraden Wert von n verschwinden, der andere Teil

$$\int \frac{(2\mu-n)\,U^{(\mu)}\,du}{2^{n+1}}$$

dagegen für einen geraden Wert. Also wird das Integral

$$\int T^{(\mu)}\,dt$$

für gerades n

$$= \frac{n}{2^n}\left(\frac{\alpha}{n+1} + \frac{\beta}{n-1} + \frac{\gamma}{n-3} + \frac{\delta}{n-5} + \text{usw.}\right),$$

für ungerades n aber

$$= \frac{2\mu-n}{2^n}\left(\frac{\alpha}{n} + \frac{\beta}{n-2} + \frac{\gamma}{n-4} + \frac{\delta}{n-6} + \text{usw.}\right).$$

In unserem Beispiel hat man

$$U'' = (25u^2-25)(25u^2-9) = 625u^4 - 850u^2 + 225$$

und demnach

$$-12R'' = -\frac{1}{32}\left(125 - \frac{850}{3} + 225\right) = -\frac{25}{12},$$

wie oben. Es ist nützlich zu beachten, daß

$$U^{(n-\mu)} = U^{(\mu)}$$

wird, und demnach

$$\int T^{(n-\mu)}\,dt = \pm \int T^{(\mu)}\,dt,$$

wobei das obere Zeichen für gerades n, das untere für ungerades gilt. Da man leicht einsieht, daß ebenso

$$M^{(n-\mu)} = \pm M^{(\mu)},$$

so wird stets

$$R^{(n-\mu)} = R^{(\mu)}$$

sein oder von den Koeffizienten

$$R,\quad R',\quad R'',\quad R''' \ldots R^{(n)}$$

der letzte dem ersten gleich, der vorletzte dem zweiten und so weiter fort.

4.

Die von Cotes bis zu $n = 10$ berechneten numerischen Werte dieser Koeffizienten schreiben wir aus der Harmonia Mensurarum hierher.

Für $n = 1$ oder zwei Glieder

$$R = R' = \frac{1}{2}.$$

Für $n = 2$ oder drei Glieder

$$R = R'' = \frac{1}{6},\quad R' = \frac{2}{3}.$$

Für $n = 3$ oder vier Glieder

$$R = R''' = \frac{1}{8},\quad R' = R'' = \frac{3}{8}.$$

Für $n = 4$ oder fünf Glieder

$$R = R'''' = \frac{7}{90},\quad R' = R''' = \frac{16}{45},\quad R'' = \frac{2}{15}.$$

Für $n = 5$ oder sechs Glieder

$$R = R^{\mathrm{V}} = \frac{19}{288},\quad R' = R'''' = \frac{25}{96},\quad R'' = R''' = \frac{25}{144}.$$

Für $n = 6$ oder sieben Glieder

$$R = R^{\mathrm{VI}} = \frac{41}{840},\quad R' = R^{\mathrm{V}} = \frac{9}{35},\quad R'' = R^{\mathrm{IV}} = \frac{9}{280},$$

$$R''' = \frac{34}{105}.$$

Für $n = 7$ oder acht Glieder

$$R = R^{\mathrm{VII}} = \frac{751}{17280}, \quad R' = R^{\mathrm{VI}} = \frac{3577}{17280}, \quad R'' = R^{\mathrm{V}} = \frac{49}{640},$$

$$R''' = R'''' = \frac{2989}{17280}.$$

Für $n = 8$ oder neun Glieder

$$R = R^{\mathrm{VIII}} = \frac{989}{28350}, \quad R' = R^{\mathrm{VII}} = \frac{2944}{14175}, \quad R'' = R^{\mathrm{VI}} = -\frac{464}{14175},$$

$$R''' = R^{\mathrm{V}} = \frac{5248}{14175}, \quad R^{\mathrm{IV}} = -\frac{454}{2835}.$$

Für $n = 9$ oder zehn Glieder

$$R = R^{\mathrm{IX}} = \frac{2857}{89600}, \quad R' = R^{\mathrm{VIII}} = \frac{15741}{89600}, \quad R'' = R^{\mathrm{VII}} = \frac{27}{2240},$$

$$R''' = R^{\mathrm{VI}} = \frac{1209}{5600}, \quad R^{\mathrm{IV}} = R^{\mathrm{V}} = \frac{2889}{44800}.$$

Für $n = 10$ oder elf Glieder

$$R = R^{\mathrm{X}} = \frac{16067}{598752}, \quad R' = R^{\mathrm{IX}} = \frac{26575}{149688}, \quad R'' = R^{\mathrm{VIII}} = -\frac{16175}{199584},$$

$$R''' = R^{\mathrm{VII}} = \frac{5675}{12474}, \quad R^{\mathrm{IV}} = R^{\mathrm{VI}} = -\frac{4825}{11088}, \quad R^{\mathrm{V}} = \frac{17807}{24948}.$$

5.

Da die Formel

$$\Delta(AR + A'R' + A''R'' + A'''R''' + \text{usw.} + A^{(n)}R^{(n)})$$

das Integral

$$\int y\,dx$$

von $x = g$ bis $x = g + \Delta$ oder das Integral

$$\Delta \int y\,dt$$

von $t = 0$ bis $t = 1$ zwar genau liefert, so oft y, in eine Reihe entwickelt, die Potenz t^n nicht überschreitet, aber nur näherungsweise, so oft y darüber hinausgeht, bleibt übrig, daß wir den Fehler, den die nächstfolgenden Glieder hineinbringen, bestimmen lehren. Bezeichnen wir allgemein mit $k^{(m)}$ die Differenz zwischen dem wahren Wert des Integrals

$$\int t^m\,dt,$$

von $t = 0$ bis $t = 1$, und dem Wert, der aus der Formel hervorgeht, so daß

$$k = 1 - R - R' - R'' - R''' - \text{usw.} - R^{(n)},$$

$$k' = \frac{1}{2} - \frac{1}{n}(R' + 2R'' + 3R''' + \text{usw.} + n\,R^{(n)}),$$

$$k'' = \frac{1}{3} - \frac{1}{n^2}(R' + 4R'' + 9R''' + \text{usw.} + n^2 R^{(n)}),$$

$$k''' = \frac{1}{4} - \frac{1}{n^3}(R' + 8R'' + 27R''' + \text{usw.}\, n^3 R^{(n)})^*$$

usw. Es ist daher offenbar, daß, wenn man y in die Reihe

$$K + K't + K''t^2 + K'''t^3 + \text{usw.}$$

entwickelt, die Differenz zwischen dem Wert des Integrals

$$\int y\,dt$$

und dem angenäherten Wert der Formel ausgedrückt wird durch

$$Kk + K'k' + K''k'' + K'''k''' + \text{usw.}$$

Aber handgreiflicherweise werden k, k', k'' usw. bis $k^{(n)}$ von selbst $= 0$: Die Korrektion der angenäherten Formel wird also sein

$$K^{(n+1)}k^{(n+1)} + K^{(n+2)}k^{(n+2)} + K^{(n+3)}k^{(n+3)} + \text{usw.}$$

Die Beschaffenheit der Größen $k^{(n+1)}$, $k^{(n+2)}$ usw. werden wir unten genauer erforschen; hier möge es genügen, die numerischen Werte der ersten oder zweiten, für einzelne Werte von n, beigefügt zu haben, damit danach der Grad der Genauigkeit, den die angenäherte Formel bietet, geschätzt werden kann.

Für $n = 1$ haben wir

$$k'' = -\frac{1}{6}, \quad k''' = -\frac{1}{4}, \quad k'''' = -\frac{3}{10}.$$

Für $n = 2$ finden wir

$$k''' = 0, \quad k'''' = -\frac{1}{120}, \quad k^{\mathrm{V}} = -\frac{1}{48}.$$

Für $n = 3$ wird

$$k'''' = -\frac{1}{270}, \quad k^{\mathrm{V}} = -\frac{1}{108}.$$

* In der Ausgabe der WW. Göttingen, 1866, steht fälschlich

$$\frac{1}{4} - \frac{1}{n^2}(R' + \text{usw.}).$$

Für $n = 4$ wird

$$k^{\mathrm{V}} = 0, \quad k^{\mathrm{VI}} = -\frac{1}{2688}, \quad k^{\mathrm{VII}} = -\frac{1}{768}.$$

Für $n = 5$ wird

$$k^{\mathrm{VI}} = -\frac{11}{52500}{}^{*}, \quad k^{\mathrm{VII}} = -\frac{11}{15000}.$$

Für $n = 6$ wird

$$k^{\mathrm{VII}} = 0, \quad k^{\mathrm{VIII}} = -\frac{1}{38880}, \quad k^{\mathrm{IX}} = -\frac{1}{8640}.$$

Für $n = 7$ wird

$$k^{\mathrm{VIII}} = -\frac{167}{10588410}, \quad k^{\mathrm{IX}} = -\frac{167}{2352980}.$$

Für $n = 8$ wird

$$k^{\mathrm{IX}} = 0, \quad k^{\mathrm{X}} = -\frac{37}{17301504}{}^{**}, \quad k^{\mathrm{XI}} = -\frac{37}{3145728}.$$

Für $n = 9$ wird

$$k^{\mathrm{X}} = -\frac{865}{631351908}, \quad k^{\mathrm{XI}} = -\frac{865}{114791256}.$$

Für $n = 10$ wird

$$k^{\mathrm{XI}} = 0, \quad k^{\mathrm{XII}} = -\frac{26927}{136500000000}, \quad k^{\mathrm{XIII}} = -\frac{26927}{21000000000}.$$

Für einen geraden Wert von n sehen wir hier überall

$$k^{(n+1)} = 0$$

werden und außerdem

$$k^{(n+3)} = \frac{n+3}{2} k^{(n+2)};$$

für einen ungeraden Wert von n aber ergibt sich überall

$$k^{(n+2)} = \frac{n+2}{2} k^{(n+1)}.$$

Der Grund dieser Erscheinungen ist leicht aus den folgenden Überlegungen zu entnehmen.

Bezeichnen wir allgemein mit $l^{(m)}$ die Differenz zwischen dem wahren Wert des Integrals

$$\int \left(t - \frac{1}{2}\right)^m dt,$$

* In der Ausgabe der WW. Göttingen, 1866, steht fälschlich $-\frac{11}{52300}$. In Nr. 6 hat sie wieder den richtigen Wert k^{VI}.

** In der genannten Ausgabe steht wiederum fälschlich $-\frac{37}{17361504}$.

von $t = 0$ bis $t = 1$, und dem Wert, den die angenäherte Formel darbietet, so daß man hat

$$l = \int \left(t - \frac{1}{2}\right)^m dt - \left[\left(-\frac{1}{2}\right)^m R + \left(\frac{1}{n} - \frac{1}{2}\right)^m R' + \left(\frac{2}{n} - \frac{1}{2}\right)^m R'' + \left(\frac{3}{n} - \frac{1}{2}\right)^m R''' + \text{usw.} + \left(\frac{1}{2} - \frac{1}{n}\right)^m R^{(n-1)} + \left(\frac{1}{2}\right)^m R^{(n)}\right],$$

das Integral von $t = 0$ bis $t = 1$ genommen.

Offenbar wird für einen ungeraden Wert von m sowohl der wahre Wert des Integrals als auch der angenäherte Wert verschwinden: es wird also

$$l' = 0, \quad l''' = 0, \quad l^{\mathrm{V}} = 0, \quad l^{\mathrm{VII}} = 0 \quad \text{usw.}$$

oder allgemein $l^{(m)} = 0$ für einen ungeraden Wert von m. Für einen geraden Wert von m aber geben wir der Formel solche Gestalt

$$l^{(m)} = \frac{1}{2^m(m+1)} - \frac{2}{n^m}\left[\left(\frac{1}{2}n\right)^m R + \left(\frac{1}{2}n - 1\right)^m R' + \left(\frac{1}{2}n - 2\right)^m R'' + \text{usw.} + 2^m R^{\left(\frac{1}{2}n-2\right)} + R^{\left(\frac{1}{2}n-1\right)}\right],$$

wenn gleichzeitig n gerade ist; oder diese

$$l^{(m)} = \frac{1}{2^m}\left\{\frac{1}{m+1} - \frac{2}{n^m}\left(n^m R + (n-2)^m R' + (n-4)^m R'' + \text{usw.} + 3^m R^{\left(\frac{1}{2}n-\frac{3}{2}\right)} + R^{\left(\frac{1}{2}n-\frac{1}{2}\right)}\right)\right\},$$

wenn gleichzeitig n ungerade ist.

Wenn daher durch Entwicklung von y in eine nach Potenzen nach $t - \frac{1}{2}$ fortschreitende Reihe herauskommt

$$y = L + L'(t - \tfrac{1}{2}) + L''(t - \tfrac{1}{2})^2 + L'''(t - \tfrac{1}{2})^3 + \text{usw.},$$

so wird bei dem angenäherten Wert des Integrals $\int y\,dt$, von $t = 0$ bis $t = 1$, die Korrektion anzubringen sein

$$Ll + L''l'' + L''''l'''' + L^{\mathrm{VI}}l^{\mathrm{VI}} + \text{usw.}$$

oder vielmehr wird, da $l^{(m)}$ für jeden ganzzahligen Wert, der nicht größer als n ist, notwendig verschwindet, die Korrektion im Falle eines geraden n

$$L^{(n+2)}l^{(n+2)} + L^{(n+4)}l^{(n+4)} + L^{(n+\mathrm{VI})}l^{(n+\mathrm{VI})} + \text{usw.}$$

lauten oder

$$L^{(n+1)}\,l^{(n+1)} + L^{(n+3)}\,l^{(n+3)} + L^{(n+5)}\,l^{(n+5)} + \text{usw.}$$

im Falle eines ungeraden n.

Sehr leicht lassen sich nun die Korrektionen $l^{(m)}$ auf $k^{(m)}$ zurückführen und umgekehrt. Da nämlich

$$\left(t - \frac{1}{2}\right)^m = t^m - \frac{1}{2} m\, t^{m-1} + \frac{1}{4}\,\frac{m(m-1)}{1\cdot 2}\, t^{m-2} + \text{usw.},$$

so wird

$$l^{(m)} = k^{(m)} - \frac{1}{2} m\, k^{(m-1)} + \frac{1}{4}\,\frac{m(m-1)}{1\cdot 2}\, k^{(m-2)} + \text{usw.}$$

sein.

Und ebenso ergibt sich

$$k^{(m)} = l^{(m)} + \frac{1}{2} m\, l^{(m-1)} + \frac{1}{4}\,\frac{m(m-1)}{1\cdot 2}\, l^{(m-1)} + \text{usw.}$$

Aus letzterer Formel werden die Glieder herausfallen, bei denen l mit ungeradem Index behaftet ist: jede von beiden ist aber nur bis zum Index $n+1$ (einschließlich) fortzusetzen. Offenbar werden wir also haben:

Für gerades n

$$k^{(n+1)} = 0,$$

$$k^{(n+2)} = l^{(n+2)},$$

$$k^{(n+3)} = \frac{n+3}{2} \cdot l^{(n+2)}.$$

Für ungerades n

$$k^{(n+1)} = l^{(n+1)},$$

$$k^{(n+2)} = \frac{n+2}{2} \cdot l^{(n+1)},$$

woraus die oben angezeigten Beobachtungen entspringen.

6.

Im allgemeinen ist es darum vorteilhafter, bei der Anwendung der Cotesianischen Methode dem n einen geraden Wert zu geben oder eine ungerade Menge von Gliedern zu benutzen. Gar wenig wird nämlich die Genauigkeit vermehrt werden, wenn wir statt des geraden Wertes von n zu dem nächst größeren ungeraden aufsteigen, da der Fehler von derselben Ordnung bleibt, mag er auch mit einem etwas kleineren Koeffizienten behaftet sein. Dagegen wird durch Fortschritt von einem ungeraden Wert des n zum nächstfolgenden geraden der Fehler um zwei Ordnungsstufen fortgeschoben werden und überdies wird der merklicher verminderte Koeffizient die Genauigkeit erhöhen. So läßt sich, wenn fünf Glieder zur Anwendung kommen, oder für $n = 4$, der Fehler näherungsweise durch $-\frac{1}{2688}K^{(6)}$ ausdrücken oder durch $-\frac{1}{2688}L^{(6)}$; wenn man $n = 5$ setzt, so wird der Fehler näherungsweise $-\frac{11}{52500}K^{(6)}$ oder $-\frac{11}{52500}L^{(6)}$ sein und so nicht einmal bis zur Hälfte des früheren herabgedrückt; bei $n = 6$ dagegen wird der Fehler annähernd $= -\frac{1}{38880}K^{(8)}$ oder $-\frac{1}{38880}L^{(8)}$, und die Genauigkeit wird um so größer, je rascher die Reihe, in welche man die Funktion entwickelt, schon von selbst konvergiert.

7.

Nachdem wir dies über die Methode von Cotes vorausgeschickt haben, schreiten wir zur allgemeinen Erörterung, wobei die Bedingung, daß die Werte von x eine arithmetische Reihe bilden, fortfällt. Wir nehmen also das Problem in Angriff, den Wert des Integrals $\int y\,dx$ zwischen gegebenen Grenzen aus irgendwelchen gegebenen Werten von y entweder genau oder näherungsweise zu bestimmen. Fügen wir hinzu, daß das Integral von $x = g$ bis $x = g + \Delta$ zu nehmen ist, und führen wir statt x eine andere Variable

$$t = \frac{x - g}{\Delta}$$

ein, so daß es notwendig ist, das Integral

$$\Delta \int y\,dt$$

von $t = 0$ bis $t = 1$ zu untersuchen. Es mögen $n + 1$ gegebene y-Werte

$$A,\quad A',\quad A'',\quad A''' \ldots A^{(n)}$$

den ungleichen t-Werten

$$a,\quad a',\quad a'',\quad a''' \ldots a^{(n)}$$

entsprechen, und wir wollen mit Y folgende ganze algebraische Funktion $n$ter Ordnung bezeichnen[2]:

$$A\,\frac{(t-a')(t-a'')(t-a''')\ldots(t-a^{(n)})}{(a-a')(a-a'')(a-a''')\ldots(a-a^{(n)})}$$
$$+A'\,\frac{(t-a)(t-a'')(t-a''')\ldots(t-a^{(n)})}{(a'-a)(a'-a'')(a'-a''')\ldots(a'-a^{(n)})}$$
$$+A''\,\frac{(t-a)(t-a')(t-a''')\ldots(t-a^{(n)})}{(a''-a)(a''-a')(a''-a''')\ldots(a''-a^{(n)})}$$
$$+\text{ usw.}$$
$$+A^{(n)}\frac{(t-a)(t-a')(t-a'')\ldots(t-a^{(n-1)})}{(a^{(n)}-a)(a^{(n)}-a')(a^{(n)}-a'')\ldots(a^{(n)}-a^{(n-1)})}\,.$$

Offenbar fallen die Werte dieser Funktion, wenn t irgendeiner von den Größen a, a', a'' ... $a^{(n)}$* gleichgesetzt wird, mit den entsprechenden Werten der Funktion y zusammen, woraus wir ebenso wie in Artikel 2 schließen, daß Y mit y identisch ist, so oft y gleichfalls eine ganze algebraische Funktion ist, die die Ordnung n nicht übersteigt, oder wenigstens für y eintreten kann, wenn y in eine nach Potenzen von t fortschreitende Reihe verwandelt eine so starke Konvergenz darbietet, daß man die Glieder der höheren Ordnungen vernachlässigen darf.

8.

Nunmehr wollen wir zur Ermittlung des Integrals $\int Y dt$ die einzelnen Teile von Y betrachten. Bezeichnen wir das Produkt

$$(t-a)(t-a')(t-a'')(t-a''')\ldots(t-a^{(n)})$$

mit T, und durch Entwicklung dieses Produkts werde

$$T = t^{n+1} + \alpha t^n + \alpha' t^{n-1} + \alpha'' t^{n-2} + \text{ usw. } + \alpha^{(n)}.$$

Der Zähler des Bruches, mit dem A in dem ersten Teile von Y multipliziert ist, wird $= \frac{T}{t-a}$; die Zähler in den folgenden Teilen sind ebenso

$$\frac{T}{t-a'},\quad \frac{T}{t-a''},\quad \frac{T}{t-a'''}\quad \text{usw.}$$

Die Nenner aber sind nichts anderes als bestimmte Werte dieser Zähler, wenn beziehungsweise

$$t=a,\quad t-a',\quad t=a'',\quad t=a'''\quad \text{usw.}$$

* Hier hat die Göttinger Ausgabe von 1866 wieder einen Druckfehler ($a^{(m)}$ statt $a^{(n)}$).

gesetzt wird: wir wollen diese Nenner beziehungsweise mit M, M', M'', M''' usw. bezeichnen, so daß

$$Y = \frac{AT}{M(t-a)} + \frac{A'T}{M'(t-a')} + \frac{A''T}{M''(t-a'')} + \text{usw.} + \frac{A^{(n)}T}{M^{(n)}(t-a^{(n)})}$$

ist. Da $T = 0$ wird für $t = a$, haben wir die identische Gleichung

$$a^{n+1} + \alpha a^n + \alpha' a^{n-1} + \alpha'' a^{n-2} + \text{usw.} + \alpha^{(n)} = 0$$

und demnach

$$T = t^{n+1} - a^{n+1} + \alpha(t^n - a^n) + \alpha'(t^{n-1} - a^{n-1})$$
$$+ \alpha''(t^{n-2} - a^{n-2}) + \text{usw.} + \alpha^{(n-1)}(t-a).$$

Hieraus wird durch Division mit $t - a$

$$\begin{aligned}\frac{T}{t-a} = t^n + a t^{n-1} + a^2 t^{n-2} &+ a^3 t^{n-3} + \text{usw.} + a^n \\ + \alpha t^{n-1} + \alpha a t^{n-2} &+ \alpha a^2 t^{n-3} + \text{usw.} + \alpha a^{n-1} \\ + \alpha' t^{n-2} &+ \alpha' a t^{n-3} + \text{usw.} + \alpha' a^{n-2} \\ &+ \alpha'' t^{n-3} + \text{usw.} + \alpha'' a^{n-3} \\ &+ \text{usw. usw.} \\ &+ \alpha^{(n-1)}.\end{aligned}$$

Der Wert dieser Funktion für $t = a$ beträgt

$$= (n+1)a^n + n\alpha a^{n-1} + (n-1)\alpha' a^{n-2} + (n-2)\alpha'' a^{n-3} + \text{usw.} + \alpha^{(n-1)}.$$

Daher ist M gleich dem Werte von $\frac{dT}{dt}$ für $t = a$, wie auch anderweitig[3] feststeht. Ebenso werden M', M'', M''', usw. Werte von $\frac{dT}{dt}$ sein für $t = a'$, $t = a''$, $t = a''$ usw.

Weiter finden wir den Wert des Integrals $\int \frac{T\,dt}{t-a}$, von $t = 0$ bis $t = 1$

$$\begin{aligned}= \frac{1}{n+1} + \frac{a}{n} + \frac{a^2}{n-1} &+ \frac{a^3}{n-2} + \text{usw.} + a^n \\ + \frac{\alpha}{n} + \frac{\alpha a}{n-1} &+ \frac{\alpha a^2}{n-2} + \text{usw.} + \alpha a^{n-1} \\ + \frac{\alpha'}{n-1} &+ \frac{\alpha' a}{n-2} + \text{usw.} + \alpha' a^{n-2} \\ &+ \frac{\alpha''}{n-2} + \text{usw.} + \alpha'' a^{n-3} \\ &+ \text{usw. usw.} \\ &+ \alpha^{(n-1)}\end{aligned}$$

Diese Glieder werden wir folgendermaßen umordnen:

$$a^n + \alpha a^{n-1} + \alpha' a^{n-2} + \alpha'' a^{n-3} + \text{usw.} + \alpha^{(n-1)}$$
$$+ \frac{1}{2}(a^{n-1} + \alpha a^{n-2} + \alpha' a^{n-3} + \text{usw.} + \alpha^{(n-2)})$$
$$+ \frac{1}{3}(a^{n-2} + \alpha a^{n-3} + \alpha' a^{n-4} + \text{usw.} + \alpha^{(n-3)})$$
$$+ \frac{1}{4}(a^{n-3} + \alpha a^{n-4} + \alpha' a^{n-5} + \text{usw.} + \alpha^{(n-4)})$$
$$+ \text{usw.}$$
$$+ \frac{1}{n-1}(a^2 + \alpha a + \alpha')$$
$$+ \frac{1}{n}(a + \alpha)$$
$$+ \frac{1}{n+1}.$$

Offenbar kommt aber dieselbe Größe heraus, wenn in dem Produkt aus der Multiplikation der Funktion T mit der unendlichen Reihe

$$t^{-1} + \frac{1}{2}t^{-2} + \frac{1}{3}t^{-3} + \frac{1}{4}t^{-4} \text{ usw.}$$

nach Ausschaltung aller Glieder, die die Potenzen von t mit negativen Exponenten enthalten (oder kürzer, in dem Teil des Produkts, der eine ganze Funktion von t ist), t für a geschrieben wird. Nehmen wir also an, es werde*

$$T\left(t^{-1} + \frac{1}{2}t^{-2} + \frac{1}{3}t^{-3} + \frac{1}{4}t^{-4} + \text{usw.}\right) = T' + T'',$$

so daß T' die in dem Produkt enthaltene ganze Funktion von t ist, T'' hingegen der andere Teil, nämlich eine absteigende und ins Unendliche laufende Reihe. Danach wird der Wert des Integrals $\int \frac{T\,dt}{t-a}$, von $t = 0$ bis $t = 1$, dem Wert der Funktion T' gleich sein für $t = a$. Wenn wir daher die bestimmten Werte der Funktion

$$\frac{T'}{\left(\frac{dT}{dt}\right)}$$

* „Es wird kaum nötig sein zu bemerken, daß die Zeichen T, T', T'' hier in anderem Sinne genommen werden, als in Artikel 2."

für $t = a$, $t = a'$, $t = a''$, $t = a'''$ usw. bis $t = a^{(n)}$ beziehungsweise mit R, R', R'', $R'''\ldots . R^{(n)}$ bezeichnen, so wird das Integral $\int Y dt$, von $t = 0$ bis $t = 1$,

$$= RA + R'A' + R''A'' + \text{usw.} + R^{(n)} A^{(n)},$$

was mit Δ multipliziert den wahren oder den angenäherten Wert des $\int y\, dx$, von $x = g$ bis $x = y + \Delta$, liefern wird.

9.

Diese Operationen werden wesentlich leichter zustande gebracht, wenn man statt der unbestimmten Größe t eine andere $u = 2t - 1$ einführt. Wir schreiben auch zur Abkürzung $b = 2a - 1$, $b' = 2a' - 1$, $b'' = 2a'' - 1$ usw. T möge, nach Einsetzung des Wertes $\frac{1}{2}u + \frac{1}{2}$ für t, übergehen in $\frac{U}{2^{n+1}}$ oder es sei

$$U = (u - b)(u - b')(u - b'')\ldots . (u - b^n).$$

Es wird daher

$$\frac{dT}{dt} = \frac{1}{2^n} \cdot \frac{dU}{du}$$

sein, und somit werden M, M', M'' usw. bestimmte Werte von

$$\frac{1}{2^n} \cdot \frac{dU}{du},$$

wenn man der Reihe nach $u = b$, $u = b'$, $u = b''$ usw. setzt.

Da die Reihe

$$t^{-1} + \frac{1}{2}t^{-2} + \frac{1}{3}t^{-3} + \frac{1}{4}t^{-4} + \text{usw.}$$

nichts anderes ist als

$$\log \frac{1}{1 - t^{-1}} = \log \frac{1 + u^{-1}}{1 - u^{-1}},$$

so wird sie durch die Einsetzung $t = \frac{1}{2}u + \frac{1}{2}$ notwendig übergehen in

$$2u^{-1} + \frac{2}{3}u^{-3} + \frac{2}{5}u^{-5} + \frac{2}{7}u^{-7} \text{ usw.}$$

Wenn wir daher setzen

$$U\left(u^{-1} + \frac{1}{3}u^{-3} + \frac{1}{5}u^{-5} + \frac{1}{7}u^{-7} + \text{usw.}\right) = U' + U'',$$

derart, daß U' die in diesem Produkt enthaltene ganze Funktion von u ist, U'' hingegen der andere Teil, nämlich eine absteigende unendliche Reihe, so ist offenbar

$$T' + T'' = \frac{1}{2^n}(U' + U'').$$

T' aber wird handgreiflicherweise als ganze Funktion von t durch die Einsetzung $t = \frac{1}{2}u + \frac{1}{2}$ notwendig eine ganze Funktion von u hervorbringen: T'' dagegen, welches nur negative Potenzen von t enthält, wird durch dieselbe Einsetzung lediglich negative Potenzen von u erzeugen. Deswegen wird U' nichts anderes sein als das durch diese Einsetzung umgeformte $2^n T'$ und ebenso U'' aus $2^n T''$ gewonnen werden. Es wird also kein Unterschied sein, ob wir in

$$\frac{T'}{\left(\frac{dT}{dt}\right)}$$

$t = a$ einsetzen oder in

$$\frac{U'}{\left(\frac{dU}{du}\right)}$$

$u = b$ machen. Daraus entnehmen wir, daß auch R, R', R'', R''' usw. bestimmte Werte der Funktion

$$\frac{U'}{\left(\frac{dU}{du}\right)}$$

für $u = b$, $u = b'$, $u = b''$, $u = b'''$ usw. sind.

10.

Bevor wir weiter fortschreiten, wollen wir diese Regeln durch ein Beispiel erläutern. Es sei $n = 5$, und setzen wir

$$a = 0,\ a' = \frac{1}{5},\ a'' = \frac{2}{5},\ a''' = \frac{3}{5},\ a'''' = \frac{4}{5},\ a''''' = 1$$

fest. Daraus ergibt sich

$$T = t^6 - 3t^5 + \frac{17}{5}t^4 - \frac{9}{5}t^3 + \frac{274}{625}t^2 - \frac{24}{625}t.$$

Durch Multiplikation mit

$$t^{-1} + \frac{1}{2}t^{-2} + \frac{1}{3}t^{-3} + \frac{1}{4}t^{-4} + \text{usw.}$$

erhalten wir

$$T' = t^5 - \frac{5}{2} t^4 + \frac{67}{80} t^3 - \frac{17}{20} t^2 + \frac{913}{7500} t - \frac{19}{7500}.$$

Die Werte der Koeffizienten R, R', R'', R''', R'''', R''''' werden demnach ausgedrückt durch die gebrochene Funktion

$$\frac{t^5 - \frac{2}{5} t^4 + \frac{67}{80} t^3 - \frac{17}{20} t^2 + \frac{913}{7500} t - \frac{19}{7500}}{6 t^5 - 15 t^4 + \frac{68}{5} t^3 - \frac{27}{5} t^2 + \frac{548}{625} t - \frac{24}{625}},$$

wo für t der Reihe nach die Werte $0, \frac{1}{5}, \frac{2}{5}, \frac{3}{5}, \frac{4}{5}, 1$ einzusetzen sind. Viel. kürzer ist die andere Methode, welche liefert

$$b = -1,\ b' = -\frac{3}{5},\ b'' = -\frac{1}{5},\ b''' = \frac{1}{5},\ b'''' = \frac{3}{5},\ b''''' = 1,$$

$$U = u^6 - \frac{7}{5} u^4 + \frac{259}{625} u^2 - \frac{9}{625},$$

$$U' = u^5 - \frac{16}{15} u^3 + \frac{277}{1875} u,$$

wonach R, R', R'' usw. die Werte der gebrochenen Funktion

$$\frac{u^4 - \frac{16}{15} u^2 + \frac{277}{1875}}{6 u^4 - \frac{28}{5} u^2 + \frac{518}{625}}$$

für $u = -1$, $u = -\frac{3}{5}$, $u = -\frac{1}{5}$ usw. Beide Methoden liefern dieselben Zahlen, welche wir in Artikel 4 aus der Harmonia mensurarum angeführt haben. Übrigens werden in einem Falle, wie ihn dieses Beispiel darstellt, wo a, a', a'' usw. rationale Größen sind, die Werte des Nenners $\frac{dT}{dt}$ bequemer in der ursprünglichen Form berechnet, nämlich

$$(a - a')(a - a'')(a - a''')\ldots(a - a^{(n)})$$

für $t = a$ und ebenso im übrigen. Dasselbe gilt vom Nenner $\frac{dU}{du}$, der für $u = b$ wird

$$= (b - b')(b - b'')(b - b''')\ldots(b - b^{(n)}).$$

11.

So oft a, a', a'' usw. entweder teilweise oder ganz irrational sind, wird die Umformung der gebrochenen Funktion, aus der -

wir die Zahlen R, R', R'' usw. ableiten, in eine ganze Funktion nützlich sein. Da die Prinzipien solcher Umformung in den algebraischen Büchern nicht zu finden sind, wollen wir sie an dieser Stelle kurz auseinandersetzen. Sind drei ganze Funktionen Z, ζ, ζ' der unbestimmten Größe x vorgelegt, so wird also eine ganze Funktion gesucht, welche die gebrochene $\frac{Z}{\zeta}$ vertreten kann, insofern für x irgendeine Wurzel der Gleichung $\zeta' = 0$ angenommen wird. Wir wollen aber voraussetzen, daß ζ für keinen dieser Werte von x verschwinde oder, was auf dasselbe hinauskommt, daß ζ und ζ' keinen gemeinsamen unbestimmten Teiler enthalten. Die Exponenten der höchsten Potenzen von x in ζ und ζ' werden wir mit k, k' bezeichnen.

Es werde in gewohnter Weise ζ durch ζ' dividiert, bis die Ordnung des Restes unter k' herabgedrückt ist; der Rest werde $= \frac{\zeta''}{\lambda}$ gesetzt und seine Ordnung $= k''$, so daß $\frac{1}{\lambda} x^{k''}$ das höchste Glied des Restes ist; den Quotienten der Division wollen wir $= \frac{p}{\lambda}$ setzen. Ebenso möge aus der Division der Funktion ζ' durch ζ'' der Rest $\frac{\zeta'''}{\lambda'}$ von der Ordnung k''', der Quotient $\frac{p'}{\lambda'}$ hervorgehen; sodann wiederum aus der Division der Funktion ζ'' durch ζ''' der Rest $\frac{\zeta''''}{\lambda''}$ von der Ordnung k'''' und der Quotient $\frac{p''}{\lambda''}$ und so fort, bis man in der Reihe der Funktionen ζ'', ζ''', ζ'''' usw., welche einzeln ihr höchstes Glied mit dem Koeffizienten 1 behaftet haben werden, zu $\zeta^{(m)} = 1$ gelangt. Daß dies endlich eintreten muß, läßt sich leicht einsehen, da jede beliebige von den Funktionen ζ, ζ', ζ'', ζ''' usw. mit der voraufgehenden keinen gemeinsamen unbestimmten Teiler haben kann und daher gewiß keine Division ohne Rest ausführbar ist, solange der Divisor eine höhere Ordnung als 0 hat. Wir werden also die folgende Reihe von Gleichungen erhalten

$$\begin{aligned}
\zeta'' &= \lambda\ \zeta - p\ \zeta', \\
\zeta''' &= \lambda'\ \zeta' - p'\ \zeta'', \\
\zeta'''' &= \lambda''\ \zeta'' - p''\ \zeta''', \\
\zeta''''' &= \lambda'''\ \zeta''' - p'''\ \zeta'''',
\end{aligned}$$

usw. bis

$$\zeta^{(m)} = \lambda^{(m-2)} \zeta^{(m-2)} - p^{(m-2)} \zeta^{(m-1)},$$

wo $\zeta', \zeta'', \zeta''' \ldots \zeta^{(m)}$ ganze Funktionen des x von der Ordnung $k', k'', k''' \ldots k^{(m)}$; die Zahlen $k', k'', k''' \ldots k^{(m)}$ beständig abnehmend bis zur letzten $k^{(m)} = 0$; p, p', p'', p''' usw. gleichfalls ganze Funktionen des x von der Ordnung $k - k'$, $k' - k''$, $k'' - k'''$, $k''' - k''''$ usw. (mit Ausnahme des Falles $k < k'$, wo offenbar $p = 0$ gesetzt werden muß).

Nach solchen Vorbereitungen bilden wir eine **zweite** Reihe von ganzen Funktionen des x, nämlich $\eta, \eta', \eta'', \eta''' \ldots \eta^{(m)}$. Und zwar wollen wir $\eta = 1$, $\eta' = 0$ festsetzen, die übrigen aber leiten wir einzeln aus den beiden voraufgehenden nach demselben Gesetz ab, durch das die Funktionen $\zeta, \zeta', \zeta'', \zeta'''$ usw. untereinander verknüpft sind, nämlich nach den Gleichungen

$$\eta'' = \lambda \; \eta - p \; \eta',$$
$$\eta''' = \lambda' \; \eta' - p' \; \eta'',$$
$$\eta'''' = \lambda'' \; \eta'' - p'' \; \eta''',$$
$$\eta''''' = \lambda''' \; \eta''' - p''' \; \eta'''',$$

usw. bis

$$\eta^{(m)} = \lambda^{(m-2)} \eta^{(m-2)} - p^{(m-2)} \eta^{(m-1)}.$$

Offenbar ist hier $\eta'' = \lambda$ von der Ordnung 0; $\eta''' = -\lambda p'$ von der Ordnung $k' - k''$ und ebenso die folgenden η'''', η''''' usw. beziehungsweise von der Ordnung $k' - k'''$, $k' - k''''$ usw., so daß das letzte $\eta^{(m)}$ zur Ordnung $k' - k^{(m-1)}$ aufsteigt.

Ferner wollen wir eine **dritte** Reihe von Funktionen betrachten, $\zeta - \zeta\eta$, $\zeta' - \zeta\eta'$, $\zeta'' - \zeta\eta''$, $\zeta''' - \zeta\eta'''$ usw., wo unter drei beliebigen aufeinanderfolgenden Gliedern offenbar eine ähnliche Relation bestehen wird, nämlich

$$\zeta'' - \zeta\eta'' = \lambda \; (\zeta - \zeta\eta) - p \; (\zeta' - \zeta\eta'),$$
$$\zeta''' - \zeta\eta''' = \lambda' \; (\zeta' - \zeta\eta') - p' \; (\zeta'' - \zeta\eta''),$$
$$\zeta'''' - \zeta\eta'''' = \lambda'' \; (\zeta'' - \zeta\eta'') - p'' \; (\zeta''' - \zeta\eta''').$$

Nun wird die erste dieser Funktionen $= 0$, die zweite $= \zeta'$: daraus läßt sich leicht schließen, daß die einzelnen durch ζ' teilbar sein werden.

Hieraus folgt ohne Schwierigkeit, daß an Stelle des Bruches $\frac{Z}{\zeta}$ die ganze Funktion $Z\eta^{(m)}$ angenommen werden kann, insoweit wenigstens dem x nicht andere Werte erteilt werden als die, welche Wurzeln der Gleichung $\zeta' = 0$ sind: offenbar muß nämlich die Differenz $\frac{Z(1-\zeta\eta^{(m)})}{\zeta}$ für solchen Wert von x verschwinden, da $1-\zeta\eta^{(m)}=\zeta^{(m)}-\zeta\eta^{(m)}$ durch ζ' teilbar ist.

An Stelle der Funktion $Z\eta^{(m)}$ wird auch deren Rest aus der Division mit ζ' treten können, der von niedrigerer Ordnunng sein wird, als die Funktion ζ'.

Übrigens läßt sich dieser Rest bequemer durch folgenden Algorithmus unmittelbar ausfindig machen. Es mögen folgende Gleichungen gebildet werden

$$\begin{aligned} Z &= q'\,\zeta' + Z', \\ Z' &= q''\,\zeta'' + Z'', \\ Z'' &= q'''\,\zeta''' + Z''', \\ Z''' &= q''''\,\zeta'''' + Z'''', \\ &\text{usw. bis} \\ Z^{(m-1)} &= q^{(m)}\zeta^{(m)} + Z^{(m)}, \end{aligned}$$

indem man nämlich nach der Reihe Z durch ζ' dividiert, darauf den Rest der ersten Division Z' durch ζ'', dann den Rest der zweiten Division durch ζ''' und so fort. Da der Rest stets zu einer niederen Ordnung gehört, als der Divisor, wird die Ordnung der Funktionen Z', Z'', Z''', Z'''' usw. beziehungsweise niedriger sein als k', k'', k''', k'''' usw.; die letzte vollends $Z^{(m)}$ wird notwendig $=0$, da der Divisor $\zeta^{(m)}=1$ ist. Wir haben also

$$Z = q'\zeta' + q''\zeta'' + q'''\zeta''' + q''''\zeta'''' + \text{usw.} + q^{(m)}\zeta^{(m)}.$$

Insofern aber für x nur Wurzeln der Gleichung $\zeta'=0$ angenommen werden, wird

$$\zeta'=0,\quad \zeta''=\zeta\eta'',\quad \zeta'''=\zeta\eta''',\quad \zeta''''=\zeta\eta''''\ \text{usw.},$$

wonach unter derselben Beschränkung

$$\frac{Z}{\zeta} = q''\eta'' + q'''\eta''' + q''''\eta'''' + \text{usw.} + q^{(m)}\eta^{(m)}$$

herauskommt. Die Ordnung aber dieses Ausdrucks wird notwendig unterhalb k' sein: da nämlich die Ordnung der Quotienten q'', q''', q'''' usw. unterhalb $k'-k''$, $k''-k'''$, $k'''-k''''$ usw. sein muß, wird die Ordnung der einzelnen Teile $q''\eta''$, $q'''\eta'''$, $q''''\eta''''$ usw. unterhalb $k'-k''$, $k'-k'''$, $k'-k''''$ usw. sein.

Endlich bemerken wir noch, wenn sich zufällig unter den Werten der Unbestimmten x, die man in den Bruch $\frac{Z}{\zeta}$ einsetzen muß, rationale mit irrationalen gemischt finden, daß es zweckmäßiger sein wird, jene von diesen zu sondern und diese allein in der Gleichung $\zeta' = 0$ zusammenzufassen. Für rationale Werte nämlich wird eine Rechnungsersparnis nicht nötig sein; für irrationale aber wird die Rechnung desto einfacher sein, je geringer der Grad der ganzen Funktion ist, auf die man die gebrochene zurückführen kann.

12.

Hier nun ein Beispiel für die im vorigen Artikel auseinandergesetzte Umformung. Es sei die gebrochene Funktion

$$\frac{x^6 - \frac{50}{39}x^4 + \frac{283}{715}x^2 - \frac{256}{15015}}{7x^6 - \frac{105}{13}x^4 + \frac{315}{143}x^2 - \frac{35}{429}}$$

vorgelegt, in der x unbestimmt die Wurzeln der Gleichung

$$x^7 - \frac{21}{13}x^5 + \frac{105}{143}x^3 - \frac{35}{429}x = 0$$

darstellt.

Wenn wir hier alle sieben Wurzeln umfassen wollten, würden wir auf eine ganze Funktion sechster Ordnung kommen. Offenbar aber ist für den rationalen Wert $x = 0$ die Berechnung des Bruches leicht und gibt den Betrag $\frac{256}{1225}$. Daher wollen wir unter Ausscheidung dieser Wurzel bei der Gleichung sechsten Grades verweilen:

$$x^6 - \frac{21}{13}x^4 + \frac{105}{143}x^2 - \frac{35}{429} = 0.$$

Dann sehen wir leicht voraus, daß eine ganze Funktion vierter Ordnung herauskommen wird. Nunmehr ergibt sich aus der Anwendung der vorangegangenen Regeln folgendes:

$$\begin{aligned}
\zeta &= 7x^6 - \frac{105}{13}x^4 + \frac{315}{143}x^2 - \frac{35}{429}, \\
\zeta' &= x^6 - \frac{21}{13}x^4 + \frac{105}{143}x^2 - \frac{35}{429}, \\
\zeta'' &= x^4 - \frac{10}{11}x^2 + \frac{5}{33}, \\
\zeta''' &= x^2 - \frac{3}{7}, \\
\zeta'''' &= 1.
\end{aligned}$$

$$\lambda = \frac{13}{42}, \qquad p = \frac{13}{6},$$

$$\lambda' = -\frac{4719}{280}, \quad p' = -\frac{4719}{280}z^2 + \frac{3333}{280},$$

$$\lambda'' = -\frac{147}{8}, \quad p'' = -\frac{147}{8}z^2 + \frac{777}{88}.$$

$$\eta = 1,$$

$$\eta' = 0,$$

$$\eta'' = \frac{13}{42},$$

$$\eta''' = \frac{20449}{3920}z^2 - \frac{14443}{3920},$$

$$\eta'''' = \frac{61347}{640}z^4 - \frac{127413}{1120}z^2 + \frac{120263}{4480}.$$

$$Z = z^6 - \frac{50}{39}z^4 + \frac{283}{715}z^2 - \frac{256}{15015}, \qquad q' = 1,$$

$$= \frac{1}{3}z^4 - \frac{22}{65}z^2 + \frac{323}{5005}; \qquad q'' = \frac{1}{3},$$

$$Z'' = -\frac{76}{2145}z^2 + \frac{632}{45045}, \qquad q''' = -\frac{76}{2145},$$

$$Z''' = -\frac{4}{3465}, \qquad q'''' = -\frac{4}{3465}.$$

Hieraus läßt sich endlich die dem vorgelegten Bruch äquivalente ganze Funktion ableiten:

$$-\frac{1859}{16800}z^4 - \frac{1573}{29400}z^2 + \frac{7947}{39200}.$$

13.

Um den Grad der Genauigkeit zu bestimmen, deren sich unsere Integralformel

$$RA + R'A' + R''A'' + \text{usw.} + R^{(n)}A^{(n)}$$

erfreut, wollen wir allgemein setzen

$$Ra^m + R'a'^m + R''a''^m + \text{usw.} + R^{(n)}a^{(n)m} = \frac{1}{m+1} - k^{(m)},$$

so daß $k^{(m)}$ die Differenz zwischen dem wahren und angenäherten Wert des Integrals $\int t^m dt$ ist, genommen von $t = 0$ bis $t = 1$.

Wir werden daher nach Entwicklung der einzelnen Brüche in Reihen erhalten

$$\frac{R}{t-a} + \frac{R'}{t-a'} + \frac{R''}{t-a''} + \text{usw.} + \frac{R^{(n)}}{t-a^{(n)}}$$

$$= (1-k)\,t^{-1} + \left(\frac{1}{2} - k'\right)t^{-2} + \left(\frac{1}{3} - k''\right)t^{-3}$$

$$+ \left(\frac{1}{4} - k'''\right)t^{-4} + \text{usw.}$$

$$= t^{-1} + \frac{1}{2}t^{-2} + \frac{1}{3}t^{-3} + \frac{1}{4}t^{-4} + \text{usw.} - \Theta,$$

wenn wir

$$\Theta = k\,t^{-1} + k't^{-2} + k''t^{-3} + k'''t^{-4} + \text{usw.}$$

setzen oder vielmehr (da wir bereits wissen, daß k, k', k'', k''' usw. bis $k^{(n)}$ von selbst verschwinden müssen)

$$\Theta = k^{(n+1)}\,t^{-(n+2)} + k^{(n+2)}\,t^{-(n+3)} + k^{(n+3)}\,t^{-(n+4)} + \text{usw.}$$

Durch Multiplikation mit T ergibt sich

$$T\left(\frac{R}{t-a} + \frac{R'}{t-a'} + \frac{R''}{t-a''} + \text{usw.} + \frac{R^{(n)}}{t-a^{(n)}}\right) = T' + T'' - T\Theta.$$

Die linke Seite dieser Gleichung ist eine ganze Funktion des t von der Ordnung n, und ihre für $t = a$, $t = a'$, $t = a''$ usw. bestimmten Werte werden beziehungsweise MR, $M'R'$, $M''R''$ usw.: deswegen muß, da dasselbe von der Funktion T' gilt, wie aus der Bestimmungsweise der Zahlen R, R', R'' usw. ersichtlich ist, jene linke Seite der Gleichung notwendig mit T' identisch sein und somit $T'' = T\Theta$. Es entsteht daher Θ aus der Entwicklung des Bruches $\frac{T''}{T}$, und auf solche Art werden sich die Koeffizienten $k^{(n+1)}$, $k^{(n+2)}$ usw. beliebig weit bestimmen lassen. Nach diesen Ermittelungen wird die Korrektion von unserem angenäherten Wert des Integrals $\int y\,dt$ sein

$$= k^{(n+1)}\,K^{(n+1)} + k^{(n+2)}\,K^{(n+2)} + \text{usw.},$$

wenn die Reihe, in die y entwickelt wird, die Gestalt hat

$$y = K + K't + K''t^2 + K'''t^3 + \text{usw.}$$

14.

Will man die Korrektion lieber durch Koeffizienten der nach Potenzen von $t-\frac{1}{2}$ fortschreitenden Reihe

$$y = L + L'\left(t-\frac{1}{2}\right) + L''\left(t-\frac{1}{2}\right)^2 + L'''\left(t-\frac{1}{2}\right)^3 + \text{usw.}$$

ausdrücken, so wird jene

$$= l^{(n+1)}L^{(n+1)} + l^{(n+2)}L^{(n+2)} + l^{(n+3)}L^{(n+3)} + \text{usw.}$$

sein, wenn wir allgemein mit $l^{(m)}$ die Korrektion des angenäherten Wertes des Integrals

$$\int\left(t-\frac{1}{2}\right)^m dt$$

ausdrücken. Diese Korrektionen $l^{(m)}$ werden mit den Korrektionen $k^{(m)}$ durch die Gleichung

$$l^{(m)} = k^{(m)} - \frac{1}{2}m\,k^{(m-1)} + \frac{1}{4}\cdot\frac{m\cdot m-1}{1\cdot 2}k^{(m-2)}$$
$$-\frac{1}{8}\cdot\frac{m\cdot m-1\cdot m-2}{1\cdot 2\cdot 3}k^{(m-3)} + \text{usw.}$$

verknüpft sein. Um jene aber unabhängig ermitteln zu können, wollen wir erwägen, daß die Funktion Θ durch die Substitution

$$t = \frac{1}{2}u + \frac{1}{2}$$

übergeht in

$$\begin{aligned}
&2k\,(u^{-1} - u^{-2} + u^{-3} - u^{-4} + \text{usw.})\\
+&4k'\,(u^{-2} - 2u^{-3} + 3u^{-4} - 4u^{-5} + \text{usw.})\\
+&8k''\,(u^{-3} - 3u^{-4} + 6u^{-5} - 10u^{-6} + \text{usw.})\\
+&16k'''(u^{-4} - 4u^{-5} + 10u^{-6} - 20u^{-7} + \text{usw.})\\
+&\text{usw.}
\end{aligned}$$

oder in

$$2ku^{-1} + 4\left(k'-\frac{1}{2}\right)u^{-2} + 8\left(k''-\frac{1}{2}\cdot 2k' + \frac{1}{4}k\right)u^{-3}$$
$$+16\left(k'''-\frac{1}{2}\cdot 3k'' + \frac{1}{4}\cdot 3k' - \frac{1}{8}k\right)u^{-4} + \text{usw.}$$

oder in

$$2lu^{-1} + 4l'u^{-2} + 8l''u^{-3} + 16l'''u^{-4} + \text{usw.}$$

oder endlich, da wir a priori wissen, daß l, l', l'', l''' usw. bis $l^{(n)}$ von selbst verschwinden, in

$$2^{n+2}l^{(n+1)}u^{-(n+2)} + 2^{n+3}l^{(n+2)}u^{-(n+3)} + 2^{n+4}l^{(n+4)}u^{-(n+4)} + \text{usw.}$$

Nun ist aber $\Theta = \frac{T''}{T}$; daher wird, weil T, T'' durch die Substitution $t = \frac{1}{2}u + \frac{1}{2}$ in $\frac{U}{2^{n+1}}$, $\frac{U''}{2^n}$ übergehen (Art. 9), die Funktion Θ durch dieselbe Substitution in $\frac{2U''}{U}$ übergehen. Wenn wir also die aus der Entwicklung des Bruches $\frac{U''}{U}$ entstehende Reihe mit Ω bezeichnen, so wird

$$\Omega = 2^{n+1}l^{(n+1)}u^{-(n+2)} + 2^{n+2}l^{(n+2)}u^{-(n+3)} + 2^{n+3}l^{(n+3)}u^{-(n+4)} \text{ usw.}$$

sein, und auf diese Art werden sich die Koeffizienten $l^{(n+1)}$, $l^{(n+2)}$ usw. beliebig weit ermitteln lassen.

So finden wir in dem Beispiel des Art. 10

$$U'' = -\frac{176}{13125}u^{-1} - \frac{304}{28125}u^{-3} - \frac{2576}{309375}u^{-5} - \text{ usw.}$$

$$\Omega = -\frac{176}{13125}u^{-7} - \frac{832}{28125}u^{-9} - \frac{189856}{4296875}u^{-11} - \text{ usw.},$$

und die Korrektion des angenäherten Wertes des Integrals ist daher

$$= -\frac{11}{52500}L^{\mathrm{VI}} - \frac{13}{112500}L^{\mathrm{VIII}} - \frac{5933}{187500000}L^{\mathrm{X}} - \text{ usw.}$$

15.

Der Koeffizient $K^{(m)}$ der in eine Reihe entwickelten Funktion y wird nach dem Satz von Taylor gleich dem Wert von

$$\frac{1}{1\cdot 2\cdot 3\ldots m}\cdot\frac{d^m y}{dt^m} \quad \text{oder} \quad \frac{\Delta^m}{1\cdot 2\cdot 3\ldots m}\cdot\frac{d^m y}{dx^m}$$

für $t = 0$ oder $x = g$; ebenso ist der Koeffizient $L^{(m)}$ der Wert desselben Ausdrucks für $t = \frac{1}{2}$ oder $u = 0$ oder $x = g + \frac{1}{2}\Delta$: beiden Koeffizienten werden wir die Ordnung m zuschreiben. Allgemein gesprochen, wird also unsere Integration bis zur Ordnung n einschließlich genau sein, welche Werte auch immer für $a, a', a'' \ldots a^{(n)}$ angenommen werden mögen. Doch steht darum nichts im Wege, für geschickt gewählte Werte dieser Größen die Genauigkeit zu einem höheren Grad zu erheben. So haben wir schon oben gesehen, daß bei der Methode von Cotes, d. h. für

$$a = 0, \quad a' = \frac{1}{n}, \quad a'' = \frac{2}{n}, \quad a''' = \frac{3}{n} \text{ usw.},$$

die Genauigkeit sich von selbst zur Ordnung $n+1$ einschließlich ausdehnt, so oft n eine gerade Zahl ist. Wenn die Werte a, a', a'', a''' usw. so gewählt worden sind, daß in der Funktion T'' oder U'' am Anfang ein Glied fortfällt oder mehrere, leuchtet allgemein ein, daß die Genauigkeit um ebenso viele Stufen über die Ordnung n hinausgerückt werden wird, als Glieder ausgefallen sein werden. Hieraus wird leicht gefolgert, daß man, da die Menge der Größen, die zur Auswahl stehen, $n+1$ ist, durch geeignete Bestimmung derselben die Genauigkeit immer auf die Ordnung $2n+1$ einschließlich erheben kann, und so wird sich mit Hilfe von $n+1$ Gliedern derselbe Genauigkeitsgrad erreichen lassen, zu dessen Erlangung es nötig wäre, $2n+1$ oder $2n+2$ Glieder zu benutzen, wenn wir der Methode von Cotes folgten.

16.

Diese ganze Angelegenheit dreht sich darum, für einen beliebigen gegebenen Wert von n eine Funktion T zu ermitteln von der Form

$$t^{n+1} + \alpha t^n + \alpha' t^{n-1} + \alpha'' t^{n-2} \text{ usw.}$$

derart, daß in dem entwickelten Produkt

$$T\left(t^{-1} + \frac{1}{2}t^{-2} + \frac{1}{3}t^{-3} + \frac{1}{4}t^{-4} + \text{ usw.}\right)$$

die Potenzen

$$t^{-1},\ t^{-2},\ t^{-3}\ \ldots\ t^{-(n+1)}$$

alle den Koeffizienten 0 bekommen; oder, wenn man lieber will, eine Funktion U von der Form

$$u^{n+1} + \beta u^n + \beta' u^{n-1} + \beta'' u^{n-2} + \text{ usw.},$$

deren Produkt mit

$$u^{-1} + \frac{1}{3}u^{-3} + \frac{1}{5}u^{-5} + \frac{1}{7}u^{-7} + \text{ usw.}$$

von den Potenzen

$$u^{-1},\ u^{-2},\ u^{-3},\ u^{-4}\ \ldots\ u^{-(n+1)}$$

frei wird. Die letztere Art wird etwas einfacher sein: da sich nämlich leicht ersehen läßt, daß die Koeffizienten von U, um der vorgeschriebenen Bedingung zu genügen, intermittierend verschwinden müssen oder $\beta = 0$, $\beta'' = 0$, $\beta'''' = 0$ usw. zu setzen ist, kann fast die Hälfte der Arbeit schon als erledigt gelten. Wir wollen einige einfache Fälle vorführen.

I. Für $n = 0$ muß nur der Koeffizient von t^{-1} in dem Produkt

$$(t + \alpha)\left(t^{-1} + \frac{1}{2}t^{-2} + \frac{1}{3}t^{-3} + \text{ usw.}\right)$$

verschwinden. Da er $= \frac{1}{2} + \alpha$ wird, haben wir

$$\alpha = -\frac{1}{2} \quad \text{oder} \quad T = t - \frac{1}{2}.$$

Ebenso folgt $U = u$.

II. Für $n = 1$ hängt die Bestimmung des T von den beiden Gleichungen

$$0 = \frac{1}{3} + \frac{1}{2}\alpha + \alpha',$$

$$0 = \frac{1}{4} + \frac{1}{3}\alpha + \frac{1}{2}\alpha'$$

ab, woraus wir ableiten

$$\alpha = -1, \quad \alpha' = +\frac{1}{6} \quad \text{oder} \quad T = t^2 - t + \frac{1}{6}.$$

Die Bestimmung der Funktion U bringt nur eine einzige Gleichung

$$0 = \frac{1}{3} + \beta'$$

mit sich. Daher

$$\beta' = -\frac{1}{3} \quad \text{oder} \quad U = u^2 - \frac{1}{3}.$$

III. Für $n = 2$ wird die Funktion T mit Hilfe von drei Gleichungen bestimmt:

$$0 = \frac{1}{4} + \frac{1}{3}\alpha + \frac{1}{2}\alpha' + \alpha'',$$

$$0 = \frac{1}{5} + \frac{1}{4}\alpha + \frac{1}{3}\alpha' + \frac{1}{2}\alpha'',$$

$$0 = \frac{1}{6} + \frac{1}{5}\alpha + \frac{1}{4}\alpha' + \frac{1}{3}\alpha'',$$

woraus wir gewinnen

$$\alpha = -\frac{3}{2}, \quad \alpha' = \frac{3}{5}, \quad \alpha'' = -\frac{1}{20},$$

also

$$T = t^3 - \frac{3}{2}t^2 + \frac{3}{5}t - \frac{1}{20}.$$

Zur Bestimmung von U genügt eine einzige Gleichung:

$$0 = \frac{1}{5} + \frac{1}{3}\beta'.$$

Daher

$$\beta' = -\frac{3}{5} \quad \text{oder} \quad U = u^3 - \frac{3}{5}u.$$

Doch wollen wir dieses Verfahren, welches beständig lästigere Rechnungen herbeiführt, hier nicht weiter verfolgen, sondern zur echten Quelle der allgemeinen Lösung fortschreiten.

17.

Wenn ein Kettenbruch vorgelegt ist

$$\varphi = \cfrac{v}{w + \cfrac{v'}{w' + \cfrac{v''}{w'' + \cfrac{v'''}{w''' + \text{usw.}}}}},$$

so steht fest, daß man fortlaufend bessere Näherungsbrüche durch folgenden Algorithmus findet. Es mögen zwei Reihen von Größen gebildet werden, V, V', V'', V''' usw., W, W', W'', W''' usw. durch nachstehende Formeln:

$$\begin{aligned}
V &= 0, & W &= 1,\\
V' &= v, & W' &= wW,\\
V'' &= w'V' + v'V & W'' &= w'W' + v'W,\\
V''' &= w''V'' + v''V', & W''' &= w''W'' + v''W',\\
V'''' &= w'''V''' + v'''V'' & W'''' &= w'''W''' + v'''W''
\end{aligned}$$

usw. Dann wird

$$\frac{V}{W} = 0,$$

$$\frac{V'}{W'} = \frac{v}{w},$$

$$\frac{V''}{W''} = \cfrac{v}{w + \cfrac{v'}{w'}},$$

$$\frac{V'''}{W'''} = \cfrac{v}{w + \cfrac{v'}{w' + \cfrac{v''}{w''}}}$$

usf.

Außerdem steht fest oder wird aus den vorangehenden Gleichungen leicht bestätigt, daß

$$\begin{aligned} V W' - V' W &= - v, \\ V' W'' - V'' W' &= + v v', \\ V'' W''' - V''' W'' &= - v v' v'', \\ V''' W'''' - V'''' W''' &= + v v' v'' v''' \end{aligned}$$

usw. ist. Daraus ist ersichtlich, daß von der Reihe

$$\frac{v}{W W'} - \frac{v v'}{W' W''} + \frac{v v' v''}{W'' W'''} - \frac{v v' v'' v'''}{W''' W''''} + \text{ usw.}$$

$$\text{das erste Glied} = \frac{V'}{W'} \text{ ist,}$$

$$\text{die Summe der zwei ersten Glieder} = \frac{V''}{W''},$$

$$\text{die Summe der drei ersten Glieder} = \frac{V'''}{W'''},$$

$$\text{die Summe der vier ersten Glieder} = \frac{V''''}{W''''}$$

usf. Daher wird die Reihe selbst, entweder ins Unendliche oder bis zum Abbruch fortgesetzt, den Kettenbruch φ ausdrücken. Zugleich erhält man hieraus die Differenz zwischen φ und den einzelnen Näherungsbrüchen $\frac{V'}{W'}$, $\frac{V''}{W''}$, $\frac{V'''}{W'''}$ usw.

Aus Formel 33 in Art. 14 der Disquisitiones generales circa seriem infinitam[4] erhalten wir leicht durch Verwandlung von t in $\frac{1}{u}$ die Umformung der Reihe

$$\varphi = u^{-1} + \frac{1}{3} u^{-3} + \frac{1}{5} u^{-5} + \frac{1}{7} u^{-7} + \text{ usw.}$$

in folgenden Kettenbruch

$$\cfrac{1}{u - \cfrac{\frac{1}{3}}{u - \cfrac{\frac{2\cdot 2}{3\cdot 5}}{u - \cfrac{\frac{3\cdot 3}{5\cdot 7}}{u - \cfrac{\frac{4\cdot 4}{7\cdot 9}}{u - \text{usw.}}}}}}$$

so daß man hat

$$v = 1,\quad v' = -\frac{1}{3},\quad v'' = -\frac{4}{15},\quad v''' = -\frac{9}{35},\quad v'''' = -\frac{16}{63} \text{ usw.}$$

$$w = w' = w'' = w''' = w'''' \text{ usw.} = u.$$

Hieraus bekommen wir für V, V', V'', V''' usw. W, W', W'', W''' usw. folgende Werte[5]:

$$V = 0,$$
$$V' = 1,$$
$$V'' = u,$$
$$V''' = u^2 - \frac{4}{15},$$
$$V'''' = u^3 - \frac{11}{21}u,$$
$$V^{\text{V}} = u^4 - \frac{7}{9}u^2 + \frac{64}{945},$$
$$V^{\text{VI}} = u^5 - \frac{34}{33}u^3 + \frac{1}{5}u,$$
$$V^{\text{VII}} = u^6 - \frac{50}{39}u^4 + \frac{283}{715}u^2 - \frac{256}{15015},$$
$$W = 1,$$
$$W' = u,$$
$$W'' = u^2 - \frac{1}{3},$$
$$W''' = u^3 - \frac{3}{5}u,$$
$$W'''' = u^4 - \frac{6}{7}u^2 + \frac{3}{35},$$
$$W^{\text{V}} = u^5 - \frac{10}{9}u^3 + \frac{5}{21}u,$$
$$W^{\text{VI}} = u^6 - \frac{15}{11}u^4 + \frac{5}{11}u^2 - \frac{5}{231},$$
$$W^{\text{VII}} = u^7 - \frac{21}{13}u^5 + \frac{105}{143}u^3 - \frac{35}{429}u \text{ usw.}$$

Bei leichter Aufmerksamkeit ist ersichtlich, daß die einzelnen V, V', V'', V''' usw., W, W', W'', W''' usw., ganze Funktionen der Unbestimmten u bilden, in $V^{(m)}$ u^{m-1} das höchste Glied wird und die Potenzen u^{m-2}, u^{m-4}, u^{m-6} usw.

fehlen, in $W^{(m)}$ jedoch u^m das höchste Glied wird und die Potenzen u^{m-1}, u^{m-3}, u^{m-5} usw. fehlen.

Nach dem oben Bewiesenen aber wird

$$\varphi = \frac{1}{W W'} + \frac{1}{3 W' W''} + \frac{2\cdot 2}{3\cdot 3\cdot 5 W'' W'''} + \frac{2\cdot 2\cdot 3\cdot 3}{3\cdot 3\cdot 5\cdot 5\cdot 7 W''' W''''} + \frac{2\cdot 2\cdot 3\cdot 3\cdot 4\cdot 4}{3\cdot 3\cdot 5\cdot 5\cdot 7\cdot 7\cdot 9 W'''' W'''''} + \text{usw.}$$

sein und demnach allgemein

$$\varphi - \frac{V^{(m)}}{W^{(m)}} = \frac{2\cdot 2\cdot 3\cdot 3 \ldots m\cdot m}{3\cdot 3\cdot 5\cdot 5 \ldots (2m-1)(2m+1) W^{(m)} W^{(m+1)}} + \frac{2\cdot 2\cdot 3\cdot 3 \ldots (m+1)(m+1)}{3\cdot 3\cdot 5\cdot 5 \ldots (2m+1)(2m+3) W^{(m+1)} W^{(m+2)}} + \text{usw.}$$

Wenn man daher $\varphi - \frac{V^{(m)}}{W^{(m)}}$ in eine fallende Reihe verwandelt, so wird das erste Glied derselben

$$= \frac{2\cdot 2\cdot 3\cdot 3 \ldots m\cdot m\, u^{-(2m+1)}}{3\cdot 3\cdot 5\cdot 5 \ldots (2m-1)(2m+1)}$$

sein. Das Produkt $\varphi W^{(m)}$ aber wird zusammengesetzt sein aus der ganzen Funktion $V^{(m)}$ und einer unendlichen Reihe, deren erstes Glied

$$= \frac{2\cdot 2\cdot 3\cdot 3 \ldots m m\, u^{-(m+1)}}{3\cdot 3\cdot 5\cdot 5 \ldots (2m-1)(2m+1)}.$$

Hiermit ist also von selbst die Funktion U von der Ordnung $n+1$ gefunden, welche der im vorhergehenden Artikel aufgestellten Bedingung genügt, daß nämlich das Produkt φU von den Potenzen

$$u^{-1}, \quad u^{-2}, \quad u^{-3} \ldots u^{-(n+1)}$$

frei wird. Sie ist nämlich keine andere als $W^{(n+1)}$, und zugleich leuchtet ein, daß U' gleich $V^{(n+1)}$ wird und das erste Glied von U''

$$= \frac{2\cdot 2\cdot 3\cdot 3 \ldots (n+1)(n+1)}{3\cdot 3\cdot 5\cdot 5 \ldots (2n+1)(2n+3)} \cdot u^{-(n+2)}.$$

Wenn demnach für $b, b', b'' \ldots b^{(n)}$ die Wurzeln der Gleichung $W^{(n+1)} = 0$ angenommen und die Werte der Koeffizienten R, $R', R'' \ldots R^{(n)}$ nach den oben mitgeteilten Vorschriften bestimmt werden, so wird sich unsere Integralformel einer bis zur

Ordnung $2n+1$ aufsteigenden Genauigkeit erfreuen und ihre Korrektion wird sehr nahe durch

$$\frac{1}{2^{2n+2}}\cdot\frac{2\cdot2\cdot3\cdot3\ldots(n+1)(n+1)}{3\cdot3\cdot5\cdot5\ldots(2n+1)(2n+3)}L^{(2n+2)}$$
$$=\frac{1\cdot1\cdot2\cdot2\cdot3\cdot3\ldots(n+1)(n+1)}{2\cdot6\cdot6\cdot10\cdot10\cdot14\ldots(4n+2)(4n+6)}L^{(2n+2)}$$

ausgedrückt werden.

18.

Die Erörterungen des vorigen Artikels lehren zwar geeignete Funktionen U für einzelne Werte der Zahl n finden, doch nur nacheinander, indem von kleineren Werten zu größeren überzugehen ist. Leicht bemerken wir aber, daß diese Funktionen sich allgemein ausdrücken lassen durch

$$u^{n+1}-\frac{(n+1)n}{2\cdot(2n+1)}u^{n-1}+\frac{(n+1)n(n-1)(n-2)}{2\cdot4(2n+1)(2n-1)}u^{n-3}$$
$$-\frac{(n+1)n(n-1)(n-2)(n-3)(n-4)}{2\cdot4\cdot6\cdot(2n+1)(2n-1)(2n-3)}u^{n-5}+\text{usw.}$$

oder auch, wenn wir uns der Bezeichnung F nach der Richtschnur der oben zitierten Abhandlung bedienen, durch

$$u^{n+1}F\left(-\frac{1}{2}n,\quad -\frac{1}{2}(n+1),\quad -\left(n+\frac{1}{2}\right),\quad u^{-2}\right).$$

Diese Induktion wird leicht in einen strengen Beweis verwandelt durch eine allgemein bekannte Methode oder, wenn man es so ansehen will, mit Hilfe der Formel 19 in der zitierten Abhandlung.[6] Die Funktion U kann auch, wenn man es vorzieht, mit umgekehrter Anordnung der Glieder ausgedrückt werden durch

$$\pm\frac{3\cdot5\cdot7\ldots(n+1)}{(n+3)(n+5)\ldots(2n+1)}\cdot uF\left(-\frac{1}{2}n,\ \frac{1}{2}(n+3),\ \frac{3}{2},\ u^2\right)$$

für gerades n, indem das obere oder untere Zeichen gilt, je nachdem $\frac{1}{2}n$ gerade oder ungerade ist, oder durch

$$\pm\frac{1\cdot3\cdot5\ldots n}{(n+2)(n+4)\ldots(2n+1)}F\left(-\frac{1}{2}(n+1),\ \frac{1}{2}n+1,\ \frac{1}{2},\ u^2\right)$$

für ungerades n, indem das obere oder untere Zeichen gilt, je nachdem $\frac{1}{2}(n+1)$ gerade oder ungerade ist.

Die Funktion U' gestattet nicht einen gleich einfachen allgemeinen Ausdruck: dennoch läßt sich schon aus der Entstehungsweise der Größen V, V', V'' usw. leicht folgern, daß das letzte Glied von U' für gerades n

$$= \pm \frac{2\cdot2\cdot4\cdot4\cdot6\cdot6\ldots n\cdot n}{3\cdot5\cdot7\cdot9\cdot11\cdot13\ldots(2n-1)(2n+1)}$$

wird, indem das obere oder untere Zeichen gilt, je nachdem $\frac{1}{2}n$ gerade oder ungerade ist.

Die Funktion

$$U'' = \varphi W^{(n+1)} - V^{(n+1)},$$

deren erstes Glied wir schon im vorigen Artikel bestimmen lehrten, kann auch durch einen rekurrierenden Algorithmus entwickelt werden, da man offenbar allgemein hat:

$$\begin{aligned}
\varphi W'' - V'' &= w'(\varphi W' - V') + v'(\varphi W - V),\\
\varphi W''' - V''' &= w''(\varphi W'' - V'') + v''(\varphi W' - V'),\\
\varphi W'''' - V'''' &= w'''(\varphi W''' - V''') + v'''(\varphi W'' - V'')
\end{aligned}$$

usw.,

somit in dem Fall, den wir behandeln:

$$\varphi W^{(m+2)} - V^{(m+2)} = u(\varphi W^{(m+1)} - V^{(m+1)}) - \frac{(m+1)^2}{(2m+1)(2m+3)}(\varphi W^{(m)} - V^{(m)}).$$

Somit finden wir

$$\begin{aligned}
\varphi W - V &= u^{-1} + \frac{1}{3}u^{-3} + \frac{1}{5}u^{-5} + \frac{1}{7}u^{-7} + \text{usw.}\\
\varphi W' - V' &= \frac{1}{3}u^{-2} + \frac{1}{5}u^{-4} + \frac{1}{7}u^{-6} + \frac{1}{9}u^{-8} + \text{usw.}\\
\varphi W'' - V'' &= \frac{4}{45}u^{-3} + \frac{8}{105}u^{-5} + \frac{4}{63}u^{-7} + \frac{112}{2079}u^{-9} + \text{usw.}\\
\varphi W''' - V''' &= \frac{4}{175}u^{-4} + \frac{8}{315}u^{-6} + \frac{4}{165}u^{-8} + \frac{16}{715}u^{-10} + \text{usw.}
\end{aligned}$$

usw.

Diese Reihen kann man auch folgendermaßen darstellen:

$$\varphi W - V = u^{-1}\Big(1 + \frac{1\cdot2}{2\cdot3}u^{-2} + \frac{1\cdot2\cdot3\cdot4}{2\cdot4\cdot3\cdot5}u^{-4} + \frac{1\cdot2\cdot3\cdot4\cdot5\cdot6}{2\cdot4\cdot6\cdot3\cdot5\cdot7}u^{-6} + \text{usw.}\Big)$$

$$\varphi W' - V' = \frac{1}{3} u^{-2} \left(1 + \frac{2\cdot 3}{2\cdot 5} u^{-2*} + \frac{2\cdot 3\cdot 4\cdot 5}{2\cdot 4\cdot 5\cdot 7} u^{-4} + \frac{2\cdot 3\cdot 4\cdot 5\cdot 6\cdot 7}{2\cdot 4\cdot 6\cdot 5\cdot 7\cdot 9} u^{-6} + \text{usw.}\right),$$

$$\varphi W'' - V'' = \frac{4}{45} u^{-3} \left(1 + \frac{3\cdot 4}{2\cdot 7} u^{-2} + \frac{3\cdot 4\cdot 5\cdot 6}{2\cdot 4\cdot 7\cdot 9} u^{-4} + \frac{3\cdot 4\cdot 5\cdot 6\cdot 7\cdot 8}{2\cdot 4\cdot 6\cdot 7\cdot 9\cdot 11} u^{-6} + \text{usw.}\right),$$

$$\varphi W''' - V''' = \frac{4}{175} u^{-4} \left(1 + \frac{4\cdot 5}{2\cdot 9} u^{-2} + \frac{4\cdot 5\cdot 6\cdot 7}{2\cdot 4\cdot 9\cdot 11} u^{-4} + \frac{4\cdot 5\cdot 6\cdot 7\cdot 8\cdot 9}{2\cdot 4\cdot 6\cdot 9\cdot 11\cdot 13} u^{-6} + \text{usw.}\right)$$

usw.

Indem wir dieser Induktion folgen, werden wir allgemein erhalten

$$U'' = \varphi W^{(n+1)} - V^{(n+1)}$$

gleich dem Produkt aus

$$\frac{2\cdot 2\cdot 3\cdot 3\cdot 4\cdot 4 \ldots (n+1)(n+1)}{3\cdot 3\cdot 5\cdot 5\cdot 7\cdot 7\cdot 9 \ldots (2n+1)(2n+3)} u^{-(n+2)}$$

und der unendlichen Reihe

$$1 + \frac{(n+2)(n+3)}{2(2n+5)} u^{-2} + \frac{(n+2)(n+3)(n+4)(n+5)}{2\cdot 4\cdot (2n+5)(2n+7)} u^{-4} + \quad \text{usw.}$$

oder, wenn man lieber will,

$$F\left(\frac{1}{2}n + 1, \quad \frac{1}{2}n + \frac{3}{2}, \quad n + \frac{5}{2}, \quad u^{-2}\right).$$

Auch diese Induktion wird sehr leicht zur vollen Gewißheit erhoben entweder durch die allgemein bekannte Methode oder mit Hilfe der Formel 19 in der öfters zitierten Abhandlung.

19.

Da es genügt, eine von den beiden Funktionen T, U zu kennen, haben wir die Bestimmung der zweiten als die ein-

* Die Göttinger Ausgabe von 1866 hat hier wieder einen Druckfehler (u^{-4} statt u^{-2}).

fachere bevorzugt. Wie diese sich an die Entwicklung der Reihe

$$u^{-1} + \frac{1}{3}u^{-3} + \frac{1}{5}u^{-5} + \text{ usw.}$$

in einen Kettenbruch angelehnt hat, so hätten wir durch ähnliche Schlüsse aus der Entwicklung der Reihe

$$t^{-1} + \frac{1}{2}t^{-2} + \frac{1}{3}t^{-3} + \frac{1}{4}t^{-4} + \text{ usw.}$$

in den Kettenbruch

$$\cfrac{1}{t - \cfrac{\frac{1}{2}}{1 - \cfrac{\frac{1}{6}}{t - \cfrac{\frac{2}{6}}{1 - \cfrac{\frac{2}{10}}{t - \cfrac{\frac{3}{10}}{1 - \text{usw.}}}}}}}$$

einen Algorithmus zur Bestimmung der Funktion T für die sukzessiven Werte der Zahl n ableiten können. Zu demselben Ergebnis gelangen wir aber durch die Erwägung, daß T nichts anderes ist als $\frac{U}{2^{n+1}}$ oder $\frac{W^{(n+1)}}{2^{n+1}}$, wenn für u geschrieben wird $2t-1$, und so wird man die nacheinander für T anzunehmenden Funktionen durch folgenden Algorithmus erhalten:

$$W = 1,$$

$$\frac{1}{2}W' = t - \frac{1}{2},$$

$$\frac{1}{4}W'' = \left(t - \frac{1}{2}\right)\cdot\frac{1}{2}W' - \frac{1\cdot 1}{2\cdot 6}W = t^2 - t + \frac{1}{6},$$

$$\frac{1}{8}W''' = \left(t - \frac{1}{2}\right)\cdot\frac{1}{4}W'' - \frac{2\cdot 2}{6\cdot 10}\cdot\frac{1}{2}W' = t^3 - \frac{3}{2}t^2 + \frac{3}{5}t - \frac{1}{20},$$

$$\frac{1}{10}W'''' = \left(t - \frac{1}{2}\right)\cdot\frac{1}{8}W''' - \frac{3\cdot 3}{10\cdot 14}\cdot\frac{1}{4}W'' = t^4 - 2t^3 + \frac{9}{7}t^2 - \frac{2}{7}t + \frac{1}{70}$$

usw.

Durch Induktion ergibt sich hieraus allgemein

$$T = t^{n+1} - \frac{(n+1)^2}{1\cdot(2n+2)} t^n + \frac{(n+1)^2 \cdot n^2}{1\cdot 2\cdot(2n+2)(2n+1)} t^{n-1}$$
$$- \frac{(n+1)^2\cdot n^2\cdot(n-1)^2}{1\cdot 2\cdot 3\cdot(2n+2)(2n+1)\cdot 2n} t^{n-2} + \text{ usw.}$$

oder

$$T = t^{n+1} F(-(n+1),\ -(n+1),\ -2(n+1),\ t^{-1}),$$

und es ist leicht, dieser Induktion die Kraft eines Beweises zu verschaffen. Wenn es angenehmer ist, kann T auch mit umgekehrter Anordnung der Glieder durch

$$\pm \frac{1\cdot 2\cdot 3\cdot 4\ .\ .\ (n+1)}{2\cdot 6\cdot 10\cdot 14\ \ldots\ (4n+2)} F(n+2,\ -(n+1),\ 1,\ t)$$

ausgedrückt werden, wo das obere Vorzeichen für ungerades n gilt, das untere für gerades. Auf ähnliche Weise wird endlich allgemein gefunden T'' gleich dem Produkt aus

$$\frac{1\cdot 1\cdot 2\cdot 2\cdot 3\cdot 3\ \ldots\ (n+1)\cdot(n+1)}{2\cdot 6\cdot 6\cdot 10\cdot 10\cdot 14\ \ldots\ (4n+2)\cdot(4n+6)} t^{-(n+2)}$$

und der unendlichen Reihe

$$1 + \frac{(n+2)^2}{1\cdot(2n+4)} t^{-1} + \frac{(n+2)^2(n+3)^2}{1\cdot 2\cdot(2n+4)(2n+5)} t^{-2}$$
$$+ \frac{(n+2)^2(n+3)^2(n+4)^2}{1\cdot 2\cdot 3\cdot(2n+4)(2n+5)(2n+6)} t^{-3} + \text{ usw.}$$

oder

$$F(n+2,\ n+2,\ 2n+4,\ t^{-1}).$$

20.

Da in der Funktion U die Potenzen u^n, u^{n-2}, u^{n-4} usw. fehlen, so werden von den Wurzeln der Gleichung $U = 0$ stets je zwei entgegengesetzt gleich sein. Dazu muß man für einen geraden Wert von n noch die singuläre Wurzel 0 gesellen. Nach Auffindung der Wurzeln wird man die Werte der Koeffizienten R, R', R'' usw. gemäß der Methode des Artikels 11 erhalten durch eine ganze Funktion von u, die für einen ungeraden Wert des n von der Form

$$\gamma u^{n-1} + \gamma' u^{n-3} + \gamma'' u^{n-5} + \text{ usw.}$$

sein wird, für einen geraden Wert aber, wenn der der Wurzel

$u = 0$ entsprechende Koeffizient ausgeschlossen wird, von der Form

$$\gamma u^{n-2} + \gamma' u^{n-4} + \gamma'' u^{n-6} + \text{usw.}$$

Das Beispiel des Artikels 12 zeigt eben diese Reduktion für $n = 6$. Offenbar entsprechen also entgegengesetzten Werten von u stets gleiche Koeffizienten. Übrigens kann in dem Falle, wo n gerade ist, der der Wurzel $u = 0$ entsprechende Wert leicht allgemein a priori bestimmt werden. Man gewinnt diesen Koeffizienten, wenn man in $\frac{U'}{\left(\frac{dU}{du}\right)}$ einsetzt $u = 0$. Den Wert des Zählers U' für $u = 0$ haben wir bereits in Artikel 18 mitgeteilt, der Wert des Nenners aber wird ebendaher

$$= \pm \frac{3 \cdot 5 \cdot 7 \ldots (n+1)}{(n+3)(n+5) \ldots (2n+1)} = \pm \frac{3 \cdot 3 \cdot 5 \cdot 5 \cdot 7 \cdot 7 \ldots (n+1)(n+1)}{3 \cdot 5 \cdot 7 \cdot 9 \cdot 11 \ldots (2n+1)}$$

sein und vollends der gesuchte Koeffizient

$$= \left(\frac{2 \cdot 4 \cdot 6 \cdot 8 \ldots n}{3 \cdot 5 \cdot 7 \cdot 9 \ldots (n+1)}\right)^2.$$

21.

Die ganze Funktion von u, welche die Koeffizienten R, R', R'' usw. darstellt, kann in dem hier behandelten Falle auch unabhängig von der allgemeinen Methode des Artikels 11 folgendermaßen ermittelt werden. Durch Differentiation der Gleichung

$$\varphi - \frac{U'}{U} = \frac{U''}{U},$$

dann durch die Substitution

$$\frac{d\varphi}{du} = \frac{1}{1-u^2}$$

und Multiplikation mit $U^2(u^2-1)$ erhalten wir

$$(u^2-1)\,U'\frac{dU}{du} - U\left\{\frac{dU'}{du}\cdot(u^2-1) + U\right\} = (u^2-1)\,U^2\frac{d\left(\frac{U''}{U}\right)}{du}.$$

Die Glieder dieser Gleichung zur Linken bilden offenbar eine ganze Funktion von u: deshalb müssen in dem Teile zur Rechten die Koeffizienten von u mit negativen Exponenten notwendig sich selbst zerstören.

Doch $\frac{d\frac{U''}{U}}{du}$ bringt eine unendliche Reihe hervor, die mit dem Gliede

$$-\left(\frac{1\cdot2\cdot3\cdot4\ldots(n+1)}{1\cdot3\cdot5\cdot7\ldots(2n+1)}\right)^2 u^{-(2n+4)}$$

beginnt, und wenn man diese also mit $(u^2-1)\,U^2$ multipliziert, so wird nichts anderes herauskommen können als die konstante Größe

$$-\left(\frac{1\cdot2\cdot3\cdot4\ldots(n+1)}{1\cdot3\cdot5\cdot7\ldots(2n+1)}\right)^2.$$

Hieraus schließen wir*, daß

$$(u^2-1)\,U'\frac{dU}{du}+\left(\frac{1\cdot2\cdot3\cdot4\ldots(n+1)}{1\cdot3\cdot5\cdot7\ldots(2n+1)}\right)^2$$

durch U teilbar ist. Deswegen wird mit der gebrochenen Funktion $\frac{U'}{\left(\frac{dU}{du}\right)}$, welche die Koeffizienten R, R', R'' usw. liefert, die ganze Funktion

$$-\left(\frac{1\cdot3\cdot5\cdot7\ldots(2n+1)}{1\cdot2\cdot3\cdot4\ldots(n+1)}\,U'\right)^2\cdot(u^2-1)$$

gleichwertig sein. Statt dieser Funktion, die von der Ordnung $2n+2$ ist und offenbar bloß gerade Potenzen von u enthält, wird der Rest aus ihrer Division durch U genommen werden können, welchem die Ordnung n oder $n-1$ zukommt, je nachdem n gerade oder ungerade ist. Wenn wir aber in dem ersteren Falle lieber den Koeffizienten, der der Wurzel $u=0$ entspricht, ausschließen wollen, so werden wir statt jener Funktion deren Rest aus der Division durch $\frac{U}{u}$ wählen, welcher sich nur zur Ordnung $n-2$ erheben wird.

22.

Damit zur Hand sei, was zur Anwendung der bisher auseinandergesetzten Methode erfordert wird, erschien es gut, für

---

* „Zugleich wird hieraus der Beweis entnommen, daß U nicht einen unbestimmten gemeinsamen Teiler mit $\frac{dU}{du}$ haben kann und demnach die Gleichung $U=0$ keine gleichen Wurzeln."

die sukzessiven Werte der Zahl n die numerischen Beträge sowohl der Größen a, a', a'' usw., als auch der Koeffizienten R, R', R'' usw., auf 16 Stellen berechnet, zusammen mit deren Logarithmen bis zu zehn Stellen beizufügen.

I. Ein Glied, $n = 0$.

$$U = u, \quad U' = 1, \quad T = t - \frac{1}{2}, \quad T' = 1,$$

$$a = 0{,}5,$$

$$R = 1.$$

Die Korrektion der Integralformel sehr nahe $= \frac{1}{12} L''$.

II. Zwei Glieder, $n = 1$.

$$U = u^2 - \frac{1}{3}, \quad U' = u,$$

$$T = t^2 - t + \frac{1}{6}, \quad T' = t - \frac{1}{2},$$

$$a = 0{,}2113248654051871,$$

$$a' = 0{,}7886751345948129,$$

$$R = R' = \frac{1}{2}.$$

Die Korrektion sehr nahe $= \frac{1}{180} L''''$.

III. Drei Glieder, $n = 2$.

$$U = u^3 - \frac{3}{5} u, \quad U' = u^2 - \frac{4}{15},$$

$$T = t^3 - \frac{3}{2} t^2 + \frac{3}{5} t - \frac{1}{20}, \quad T' = t^2 - t + \frac{11}{60}$$

$$a = 0{,}1127016653792583,$$

$$a' = 0{,}5,$$

$$a'' = 0{,}8872983346207417,$$

$$R = R'' = \frac{5}{18},$$

$$R' = \frac{4}{9}.$$

Die Korrektion sehr nahe $= \frac{1}{2800} L^{VI}$.

IV. Vier Glieder, $n = 3$.

$$U = u^4 - \frac{6}{7}u^2 + \frac{3}{35},$$

$$U' = u^3 - \frac{11}{21}u,$$

$$T = t^4 - 2t^3 + \frac{9}{7}t^2 - \frac{2}{7}t + \frac{1}{70},$$

$$T' = t^3 - \frac{3}{2}t^2 + \frac{13}{21}t - \frac{5}{84},$$

$$a = 0{,}069\,431\,844\,202\,975\,4,$$

$$a' = 0{,}330\,009\,478\,207\,567\,7,$$

$$a'' = 0{,}669\,990\,521\,792\,432\,3,$$

$$a''' = 0{,}930\,568\,155\,797\,024\,6,$$

$$R = R''' = 0{,}173\,927\,422\,568\,728\,4, \quad \log = 9{,}240\,368\,061\,2,$$

$$R' = R'' = 0{,}326\,072\,577\,431\,271\,6, \quad \log = 9{,}513\,314\,276\,4.$$

Von diesen Koeffizienten der allgemeine Ausdruck:

$$-\frac{35}{144}u^2 + \frac{17}{48},$$

die Korrektion sehr nahe $= \frac{1}{44\,100} L^{\mathrm{VIII}}$.

V. Fünf Glieder, $n = 4$.

$$U = u^5 - \frac{10}{9}u^3 + \frac{5}{21}u,$$

$$U' = u^4 - \frac{7}{9}u^2 + \frac{64}{945},$$

$$T = t^5 - \frac{5}{2}t^4 + \frac{20}{9}t^3 - \frac{5}{6}t^2 + \frac{5}{42}t - \frac{1}{252},$$

$$T' = t^4 - 2t^3 + \frac{47}{36}t^2 - \frac{11}{36}t + \frac{137}{75\,600},$$

$$a = 0{,}046\,910\,077\,030\,668\,0,$$

$$a' = 0{,}230\,765\,344\,947\,158\,5,$$

$$a'' = 0{,}5,$$

$$a''' = 0{,}769\,234\,655\,052\,841\,5,$$

$$a'''' = 0{,}953\,089\,922\,969\,332\,0,$$

$$R = R'''' = 0{,}118463442528094 5, \quad \log = 9{,}0735843490,$$
$$R' = R''' = 0{,}2393143352496832 \qquad 9{,}3789687142,$$
$$R'' = \frac{64}{225} = 0{,}2844444444444444 \qquad 9{,}4539974559.$$

Der allgemeine Ausdruck dieser Koeffizienten, unter Ausschluß von R'':

$$-\frac{91}{400}u^2 + \frac{1099}{3600},$$

die Korrektion sehr nahe $= \frac{1}{698544} L^{\mathrm{X}}$.

VI. Sechs Glieder, $n = 5$.

$$U = u^6 - \frac{15}{11}u^4 + \frac{5}{11}u^2 - \frac{5}{231},$$
$$U' = u^5 - \frac{34}{33}u^3 + \frac{1}{5}u,$$
$$T = t^6 - 3t^5 + \frac{75}{22}t^4 - \frac{20}{11}t^3 + \frac{5}{11}t^2 - \frac{1}{22}t + \frac{1}{924},$$
$$T' = t^5 - \frac{5}{2}t^4 - \frac{74}{33}t^3 - \frac{19}{22}t^2 + \frac{29}{220}t - \frac{7}{1320},$$

$$a = 0{,}0337652428984240,$$
$$a' = 0{,}1693953067668678,$$
$$a'' = 0{,}3806904069584015,$$
$$a''' = 0{,}6193095930415985,$$
$$a'''' = 0{,}8306046932331322,$$
$$a''''' = 0{,}9662347571015760,$$

$$R = R''''' = 0{,}0856622461895852, \quad \log = 8{,}9327894580,$$
$$R' = R'''' = 0{,}1803807865240693 \qquad 9{,}2561902763,$$
$$R'' = R''' = 0{,}2339569672863455 \qquad 9{,}3691359831.$$

Der allgemeine Ausdruck der Koeffizienten:

$$-\frac{77}{800}u^4 - \frac{7}{75}u^2 + \frac{23}{96},$$

die Korrektion sehr nahe $= \frac{1}{11099088} L^{\mathrm{XII}}$.

VII. Sieben Glieder, $n = 6$.

$$U \;= u^7 - \frac{21}{13}u^5 + \frac{105}{143}u^3 - \frac{35}{429}u,$$

$$U' = u^6 - \frac{50}{39}u^4 + \frac{283}{715}u^2 - \frac{256}{15015},$$

$$T \;= t^7 - \frac{7}{2}t^6 + \frac{63}{13}t^5 - \frac{175}{52}t^4 + \frac{175}{143}t^3 - \frac{63}{286}t^2 + \frac{7}{429}t - \frac{1}{3432},$$

$$T' = t^6 - 3t^5 + \frac{535}{156}t^4 - \frac{145}{78}t^3 + \frac{1377}{2860}t^2 - \frac{223}{4290}t + \frac{323}{240240},$$

$$\begin{aligned}
a \;&= 0{,}0254460438286202,\\
a' &= 0{,}1292344072003028,\\
a'' &= 0{,}2970774243113015,\\
a''' &= 0{,}5,\\
a'''' &= 0{,}7029225756886985,\\
a''''' &= 0{,}8707655927996972,\\
a'''''' &= 0{,}9745539561713798,
\end{aligned}$$

$$\begin{aligned}
R \;= R'''''' &= 0{,}0647424830844348, & \log &= 8{,}8111893529,\\
R' = R''''' &= 0{,}1398526957446384 & & \; 9{,}1456708421,\\
R'' = R'''' &= 0{,}1909150252525595 & & \; 9{,}2808401093,\\
R''' = \frac{256}{1225} &= 0{,}2089795918367347 & & \; 9{,}3201038766.
\end{aligned}$$

Der allgemeine Ausdruck dieser Koeffizienten, unter Ausschluß von R''':

$$-\frac{1859}{16800}u^4 - \frac{1573}{29400}u^2 + \frac{7947}{39200},$$

die Korrektion sehr nahe $= \dfrac{1}{176679360} L^{\text{XIV}}$.

23.

Zum Schluß wollen wir die Leistungsfähigkeit unserer Methode vor Augen stellen durch Berechnung des Integralwertes

$$\int \frac{dx}{\log x}$$

von $x = 100000$ bis $x = 200000$.

I. Aus einem Gliede erhalten wir	$\varDelta R \quad A$	= 8390,394608
II. Aus zwei Gliedern ergibt sich	$\varDelta R \quad A$	= 4271,810097
	$\varDelta R' \quad A'$	= 4134,144502
	Sa.	= 8405,954599
III. Aus drei Gliedern ergibt sich	$\varDelta R \quad A$	= 2390,572772
	$\varDelta R' \quad A'$	= 3729,064270
	$\varDelta R'' \quad A''$	= 2286,599733
	Sa.	= 8406,236775
IV. Aus vier Gliedern ergibt sich	$\varDelta R \quad A$	= 1501,957053
	$\varDelta R' \quad A'$	= 2763,769240
	$\varDelta R'' \quad A''$	= 2711,454637
	$\varDelta R''' \quad A'''$	= 1429,062040
	Sa.	= 8406,242970
V. Aus fünf Gliedern ergibt sich	$\varDelta R \quad A$	= 1024,879445
	$\varDelta R' \quad A'$	= 2041,833335
	$\varDelta R'' \quad A''$	= 2386,601133
	$\varDelta R''' \quad A'''$	= 1980,509616
	$\varDelta R'''' \quad A''''$	= 972,419588
	Sa.	= 8406,243117
VI. Aus sechs Gliedern ergibt sich	$\varDelta R \quad A$	= 741,912854
	$\varDelta R' \quad A'$	= 1545,757256
	$\varDelta R'' \quad A''$	= 1976,737668
	$\varDelta R''' \quad A'''$	= 1950,466223
	$\varDelta R'''' \quad A''''$	= 1488,588550
	$\varDelta R^{V} \quad A^{V}$	= 702,780570
	Sa.	= 8406,243121
VII. Aus sieben Gliedern ergibt sich	$\varDelta R \quad A$	= 561,1213804
	$\varDelta R' \quad A'$	= 1202,0551998
	$\varDelta R'' \quad A''$	= 1621,6290819
	$\varDelta R''' \quad A'''$	= 1753,4212406
	$\varDelta R'''' \quad A''''$	= 1584,9790252
	$\varDelta R^{V} \quad A^{V}$	= 1152,0681116
	$\varDelta R^{VI} \quad A^{VI}$	= 530,9690816
	Sa.	= 8406,2431211

Nach den Berechnungen des berühmten Bessel ist der Wert desselben Integrals = 8406,24312 gefunden worden.

Über Gauss' neue Methode, die Werte der Integrale näherungsweise zu finden.

(Von Carl Gustav Jacob Jacobi, 1826.)

1.

In den Principiis von Newton[1] liest man eine Methode, wie man durch eine Anzahl gegebener Punkte eine parabolische Kurve legen könne. Diese Aufgabe erscheint analytisch als Interpolationsproblem, aus mehreren Gliedern einer Reihe das allgemeine zu finden. Es ist der bekanntere Fall, wenn die Intervalle der Ordinaten der gegebenen Punkte gleich groß sind, oder analytisch ausgedrückt, wenn die Werte des reihenden Elements, für welche auch die Werte der entsprechenden Glieder der Reihe gegeben sind, eine arithmetische Progression bilden. Aber der elegante, mit Unrecht weniger gekannte Algorithmus, den Newton gibt, erstreckt sich schon auf den allgemeineren Fall, wenn jene Intervalle der Ordinaten der gegebenen Punkte oder jene Werte des reihenden Elements irgend beliebige sind. Newton hat hiervon eine Anwendung auf die Quadraturen gemacht. Durch mehrere Punkte der zu quadrierenden Kurve, für welche die Ordinaten berechnet worden sind, legt er die parabolische Kurve, und deren Quadratur zwischen denselben Grenzen, zwischen denen die gegebene Kurve quadriert werden sollte, gibt einen Näherungswert.

Newton hat von jenem Interpolationsproblem und seiner Anwendung auf die Quadraturen ferner in einem Traktätchen gehandelt, welches Methodus differentialis betitelt ist und zuerst in der Amsterdamer* Ausgabe seiner Principia, vom Jahre 1723, nebst anderen Abhandlungen angehängt gefunden wird. Hier

* Von dieser Ausgabe ist die Kuriosität zu erzählen, daß sie auf Kosten des berühmten Philologen Richard Bentley veranstaltet worden ist, der in seinen englischen und lateinischen Predigten oft die Principia seines genauen Freundes Newton anpries, als ein Bollwerk gegen die Irreligiosität und eine Offenbarung der Größe Gottes.

(Anmerkung Jacobis.)

rät er unter anderem zum Behuf der leichteren Berechnung der Integrale für jede Zahl der berechneten Ordinaten, deren Intervalle er gleich groß annimmt, Tafeln anzufertigen, von denen er auch selbst einen Anfang gibt, welchen hernach Roger Cotes in seiner Harmonia mensurarum fortgesetzt hat.

Aber Gauss hat in den Göttinger Kommentarien gezeigt, daß man durch schickliche Wahl der Abszissen, für welche die Ordinaten berechnet werden, den Grad der Näherung auf das Doppelte treiben kann; und da solche Bestimmung unabhängig von der Natur der zu quadrierenden Kurve geschieht, so ist es möglich, auch nach der so vervollkommneten Methode Tafeln zu verfertigen, von denen auch Gauss eine Probe gegeben hat. Gauss gelangt zu seinen Resultaten auf dem Wege einer schwierigen Induktion, die durch die sogenannte Kästnersche Methode, wenn etwas für die Zahl n gilt, es auch für die Zahl $n+1$ zu erweisen, zur Allgemeinheit erhoben werden kann. Es ist also noch ein direkter Beweis zu wünschen. Die große Einfachheit und Eleganz der Gaussischen Resultate läßt einen einfachen Weg vermuten. Auf einem solchen einfachen und direkten Wege zu jenen Resultaten zu gelangen, mit denen Gauss die Wissenschaft bereichert hat, ist der Zweck dieser Abhandlung.

2.

Es sei das Integral $\int y\,dx$ zwischen den Grenzen $x = 0$ und $x = 1$ zu nehmen. Andere Grenzen werden leicht auf diese zurückgeführt. Es seien ferner die Werte von x, für welche y bekannt ist,

$$\alpha', \quad \alpha'', \quad \alpha''', \ldots, \quad \alpha^{(n)},$$

so daß, wenn man $y = f(x)$ setzt, die entsprechenden Werte von y werden:

$$f(\alpha'), \quad f(\alpha''), \quad f(\alpha'''), \quad \ldots, \quad f(\alpha^{(n)}).$$

Man bilde das Produkt

$$(x-\alpha')(x-\alpha'')(x-\alpha''') \ldots (x-\alpha^{(n)})$$

und nenne es $\varphi(x)$, so hat man, wenn $y = f(x)$ eine ganze rationale Funktion vom $(n-1)$ten Grade ist, durch Zerfällung in Partialbrüche[2]:

$$\frac{f(x)}{\varphi(x)} = \frac{f(\alpha')}{\varphi'(\alpha')(x-\alpha')} + \frac{f(\alpha'')}{\varphi'(\alpha'')(x-\alpha'')} + \frac{f(\alpha''')}{\varphi'(\alpha''')(x-\alpha''')} + \dots + \frac{f(\alpha^{(n)})}{\varphi'(\alpha^{(n)})(x-\alpha^{(n)})},$$

wo wir mit $\varphi'(\alpha^{(m)})$ den Wert von

$$\varphi'(x) = \frac{d\varphi(x)}{dx}$$

für $x = \alpha^{(m)}$ bezeichnen. Vermittelst dieser Formel findet man durch Multiplikation mit $\varphi(x)$ sogleich y aus den speziellen Werten für

$$x = \alpha', \quad x = \alpha'', \quad x = \alpha''', \dots, x = \alpha^{(n)}.$$

Übersteigt aber y den $(n-1)$ten Grad, so gibt der Ausdruck zur rechten Seite des Gleichheitszeichens, welchen wir G nennen wollen, nur den echten Bruch, der in dem unechten $\frac{f(x)}{\varphi(x)}$ steckt, so daß, wenn $f(x)$ z. B. vom $(n+p)$ten Grade ist, und man

$$f(x) = U + V.\varphi(x)$$

hat, wo U höchstens vom $(n-1)$ten, V vom $p$ten Grade ist,

$$G = \frac{U}{\varphi(x)}, \quad \frac{f(x)}{\varphi(x)} = \frac{U}{\varphi(x)} + V = G + V.$$

Entwickelt man G und den Bruch $\frac{f(x)}{\varphi(x)}$ nach den absteigenden Potenzen von x, so enthält

$$G = \frac{U}{\varphi(x)}$$

die negativen, V die positiven Potenzen von x, die sich in der Entwicklung von $\frac{f(x)}{\varphi(x)}$ befinden. Setzt man daher

$$f(x) = a + a'x + a''x^2 + \dots + a^{(n)}x^n + a^{(n+1)}x^{n+1} + \dots + a^{(2n)}x^{2n} + \text{usw.},$$

und

$$\frac{1}{\varphi(x)} = \frac{A'}{x^n} + \frac{A''}{x^{n+1}} + \frac{A'''}{x^{n+2}} + \dots + \frac{A^{(n+1)}}{x^{2n}} + \text{usw.},$$

so findet man

$$V = a^{(n)}A' + a^{(n+1)}(A'x + A'') + a^{(n+2)}(A'x^2 + A''x + A''') + \dots + a^{(2n-1)}(A'x^{n-1} + A''x^{n-2} + \dots + A^{(n)}) + \text{usw.}$$

3.

Newtons Näherungsmethode besteht darin: statt $y = f(x)$ die Funktion

$$U = G \cdot \varphi(x)$$

zu substituieren. Der Fehler oder die Differenz der Integrale der gegebenen und substituierten Funktion wird dann

$$\varDelta = \int y\,dx - \int U\,dx = \int \varphi(x)\,V\,dx.$$

Es wird jetzt die Aufgabe gestellt, die Größen

$$\alpha', \quad \alpha'', \quad \alpha''', \quad \ldots, \quad \alpha^{(n)}$$

so zu bestimmen, daß der Fehler $\varDelta$ möglichst gering oder die Näherung möglichst genau werde. In den Fällen, wo die Näherungsmethode mit Glück angewendet werden soll, müssen die Koeffizienten der für y gesetzten Reihe rasch abnehmen. Je mehr daher von den ersten Koeffizienten dieser Reihe, welche die hauptsächlichsten sind, in dem Ausdruck für den Fehler $\varDelta$ verschwinden, desto kleiner wird er im allgemeinen und desto größer die Näherung. Da nun schon, was auch die Größen

$$\alpha', \quad \alpha'', \quad \alpha''', \quad \ldots, \quad \alpha^{(n)}$$

waren, im Ausdruck für

$$\varDelta = \int \varphi(x) \cdot V\,dx,$$

wie aus dem für V gefundenen Ausdrucke erhellt, die Koeffizienten

$$a, \quad a', \quad a'', \quad \ldots, \quad a^{(n-1)}$$

nicht mehr vorkommen, so wollen wir vermittelst schicklicher Bestimmung jener Größen auch noch die mit

$$a^{(n)}, \quad a^{(n+1)}, \quad \ldots, \quad a^{(2n-1)}$$

behafteten Glieder verschwinden machen, wodurch ein doppelter Grad der Näherung erreicht wird. Es wird dieses immer möglich sein, da die Zahl der willkürlichen Größen und der zu erfüllenden Bedingungen dieselbe ist. Man sieht sogleich aus dem für V gefundenen Ausdruck, daß hierzu eine solche Bestimmung von $\varphi(x)$ erfordert wird, daß die Integrale

$$\int \varphi(x)\,dx, \quad \int x\,\varphi(x)\,dx, \quad \int x^2\,\varphi(x)\,dx, \quad \ldots, \quad \int x^{n-1}\,\varphi(x)\,dx$$

zwischen den Grenzen $x = 0$ und $x = 1$, zwischen denen das Integral $\int y\,dx$ genommen werden soll, verschwinden. Diese Bestimmung ist jetzt die Aufgabe.

4.

Es läßt sich durch eine bekannte Reduktionsformel das Integral

$$\int x^m \varphi(x)\,dx$$

auf die vielfachen Integrale von $\varphi(x)$ zurückführen. Man hat nämlich allgemein:

$$\begin{aligned}
\int u\,v\,dx &= u \int v\,dx - \int du \int v\,dx, \\
\int du \int v\,dx &= du \int^2 v\,dx - \int d^2u \int^2 v\,dx, \\
\int d^2u \int^2 v\,dx &= d^2u \int^3 v\,dx - \int d^3u \int^3 v\,dx, \\
&\ldots\ldots\ldots\ldots\ldots \\
\int d^m u \int^m v\,dx &= d^m u \int^{m+1} v\,dx - \int d^{m+1}u \int^{m+1} v\,dx,
\end{aligned}$$

wo man jede Formel aus der vorhergehenden erhält, indem man $\frac{du}{dx}$ statt u und $\int v\,dx$ statt v setzt. Hieraus folgt sogleich:

$$\begin{aligned}
\int u\,v\,dx = u \int v\,dx - du \int^2 v\,dx + d^2u \int^3 v\,dx \\
- \ldots (-1)^m d^m u \int^{m+1} v\,dx + (-1)^{m+1} \int d^{m+1}u \int^{m+1} v\,dx.
\end{aligned}$$

Setzt man

$$u = x^m, \quad v = \varphi(x),$$

so erhält man hieraus:

$$\begin{aligned}
\int x^m \varphi(x)\,dx = x^m \int \varphi(x)\,dx - m\,x^{m-1} \int^2 \varphi(x)\,dx^2 + \\
+ m(m-1)x^{m-2} \int^3 \varphi(x)\,dx^3 - \ldots \\
(-1)^m m(m-1)(m-2)\ldots 1 \int^{m+1} \varphi(x)\,dx^{m+1}.
\end{aligned}$$

Gibt man dem m nacheinander die Werte

$$0,\ 1,\ 2,\ 3,\ \ldots,\ n-1,$$

so erhält man:

$$\int \varphi(x)\,dx = \int \varphi(x)\,dx,$$

$$\int x\,\varphi(x)\,dx = x\int \varphi(x)\,dx - \int^2 \varphi(x)\,dx^2,$$

$$\int x^2\varphi(x)\,dx = x^2\int \varphi(x)\,dx - 2x\int^2 \varphi(x)\,dx^2 + 2\int^3 \varphi(x)\,dx^3,$$

$$\cdots\cdots\cdots\cdots\cdots\cdots\cdots\cdots$$

$$\int x^{n-1}\varphi(x)\,dx = x^{n-1}\int \varphi(x)\,dx - (n-1)x^{n-2}\int^2 \varphi(x)\,dx^2$$

$$+ (n-1)(n-2)x^{n-3}\int^3 \varphi(x)\,dx^3 - \ldots$$

$$(-1)^{n-1}(n-1)(n-2)\ldots 1\int^n \varphi(x)\,dx^n.$$

Diese Formeln sind bekannt. Man sieht aus ihnen, daß, wenn

$$\int \varphi(x)\,dx,\quad \int x\,\varphi(x)\,dx,\quad \int x^2\varphi(x)\,dx,\ \ldots,\ \int x^{n-1}\varphi(x)\,dx$$

zwischen gewissen Grenzen verschwinden sollen, zwischen denselben Grenzen auch

$$\int \varphi(x)\,dx,\quad \int^2 \varphi(x)\,dx^2,\quad \int^3 \varphi(x)\,dx^3,\ \ldots,\int^n \varphi(x)\,dx^n$$

verschwinden müssen und umgekehrt. [3]

5.

Unsere Aufgabe ist also jetzt darauf zurückgeführt, die Funktion $\varphi(x)$ so zu bestimmen, daß ihr 1tes, 2tes, 3tes, ..., $n$tes Integral zwischen den Grenzen $x = 0$ und $x = 1$ verschwinden; d. h., wenn man die aufeinanderfolgenden Integrale bis zum $n$ten so bestimmt, daß sie für $x = 0$ verschwinden, so sollen sie auch für $x = 1$ verschwinden.

Man setze

$$\int^n \varphi(x)\,dx^n = \pi(x),$$

die aufeinander folgenden Integrale so bestimmt, daß jedes für

$x = 0$ verschwindet, so kann man jetzt die Aufgabe so ausdrücken, eine Funktion $\pi(x)$ zu finden, die für $x = 0$ und für $x = 1$ zugleich mit ihrem 1ten, 2ten, 3ten, ..., $(n-1)$ten Differentiale verschwindet. Dieses erheischt, daß die Funktion $\pi(x)$ die Faktoren x^n und $(x-1)^n$ habe, und umgekehrt, jede Funktion, die den Faktor $x^n(x-1)^n$ hat, erfüllt die verlangten Bedingungen. Es muß daher gesetzt werden:

$$\pi(x) = x^n(x-1)^n M.$$

Da nun

$$\varphi(x) = (x - \alpha')(x - \alpha'')(x - \alpha''') \ldots (x - \alpha^{(n)}),$$

also eine ganze rationale Funktion von der $n$ten Ordnung ist, so ist

$$\pi(x) = \int^n \varphi(x)\, dx^n$$

eine ganze rationale Funktion von der $2n$ten Ordnung, woraus folgt, daß M für unsern Fall eine Konstante ist. Auf diese Weise erhält man[4]

$$\varphi(x) = \frac{M\, d^n x^n (x-1)^n}{dx^n} = x^n - \frac{n^2}{2n} x^{n-1} + \frac{n^2(n-1)^2}{1\cdot 2\cdot 2n(2n-1)} x^{n-2}$$
$$- \frac{n^2(n-1)^2(n-2)^2}{1\cdot 2\cdot 3\cdot 2n(2n-1)(2n-2)} x^{n-3} + \ldots (-1)^n \frac{n(n-1)(n-2)\ldots 1}{2n(2n-1)(2n-2)\ldots(n+1)},$$

wo

$$M = \frac{1}{2n(2n-1)(2n-2)\ldots(n+1)}$$

gesetzt worden ist.

Die Wurzeln der Gleichung $\varphi(x) = 0$, für $\varphi(x)$ den eben gefundenen Ausdruck gesetzt, geben dann die Größen

$$\alpha', \ \alpha'', \ \alpha''', \ \ldots, \ \alpha^{(n)},$$

so bestimmt, daß der Grad der Näherung der möglichst größte sei. Da aus der Lehre von den Gleichungen bekannt ist, daß, wenn die Wurzeln einer Gleichung $\pi(x) = 0$ alle reell sind, auch alle Wurzeln der Gleichung

$$\frac{d^m \pi(x)}{dx^m} = 0$$

reell sind und zwischen den Wurzeln jener Gleichung liegen, so folgt hieraus, da die Wurzeln der Gleichung $\pi(x) = 0$ oder der Gleichung

$$x^n(x-1)^n = 0$$

alle reell sind, und zwar n von ihnen $= 0$, die anderen $= 1$, daß auch die Wurzeln der Gleichung $\varphi(x) = 0$ oder die Größen

$$\alpha', \quad \alpha'', \quad \alpha''', \quad \ldots, \quad \alpha^{(n)}$$

alle reell sind und zwischen 0 und 1 liegen, wie es auch Gauss in den berechneten Beispielen gefunden hat.

6.

In unserer (§ 4) gefundenen Formel:

$$\int u v\, dx = u \int v\, dx - du \int^2 v\, dx + d^2 u \int^3 v\, dx$$

$$- \ldots . (-1)^m d^m u \int^{m+1} v\, dx + (-1)^{m+1} \int d^{m+1} u \int^{m+1} v\, dx$$

setze man

$$m = n - 1, \quad u = V, \quad v = \varphi(x),$$

so erhält man, da die n ersten Integrale von $v = \varphi(x)$ zwischen den Grenzen $x = 0$ und $x = 1$ verschwinden, und

$$\int^n \varphi(x)\, dx^n = \frac{x^n (x-1)^n}{2n(2n-1)\ldots(n+1)},$$

$$\Delta = \int \varphi(x)\, V\, dx = \frac{(-1)^n}{2n(2n-1)(2n-2)\ldots(n+1)} \int x^n (x-1)^n \frac{d^n V}{dx^{n-1}},$$

welches Integral zwischen den Grenzen $x = 0$ und $x = 1$ zu nehmen ist.

Man setze ferner in der angeführten Formel $u = t^{m+1}$ und es verschwinde t für $x = l$, so wird auch

$$u, \quad \frac{du}{dx}, \quad \frac{d^2 u}{dx^2}, \quad \frac{d^3 u}{dx^3}, \ldots, \quad \frac{d^m u}{dx^m}$$

für $x = l$ verschwinden. Es seien ferner die Integrale

$$\int v\, dx, \quad \int^2 v\, dx^2, \quad \int^3 v\, dx^3, \ldots, \int^{m+1} v\, dx^{m+1}$$

so genommen, daß sie insgesamt für $x = 0$ verschwinden; so verschwinden

$$u \int v\, dx, \quad du \int^2 v\, dx, \quad d^2 u \int^3 v\, dx, \ldots, d^m u \int^{m+1} v\, dx$$

zwischen den Grenzen $x = 0$ und $x = l$. Man erhält demnach zwischen den Grenzen $x = 0$ und $x = l$:

$$\int u v\, dx = \int t^{m+1} v\, dx = (-1)^{m+1} \int d^{m+1} t^{m+1} \int^{m+1} v\, dx.$$

Setzt man jetzt

$$t = 1 - x, \quad l = 1, \quad m = n - 1, \quad v = x^n \frac{d^n V}{dx^n},$$

so erhält man zwischen den Grenzen $x = 0$ und $x = 1$:

$$\int (1-x)^n x^n \frac{d^n V}{dx^{n-1}} = 1 \cdot 2 \cdot 3 \ldots n \int\int^n x^n \frac{d^n V}{dx^n} dx^{n+1}$$

$$= 1 \cdot 2 \cdot 3 \ldots n \int^{n+1} x^n d^n V dx.$$

Man erhält auf diese Weise:

$$\varDelta = \frac{1 \cdot 2 \cdot 3 \ldots n}{2n(2n-1) \ldots (n+1)} \int^{n+1} x^n d^n V dx,$$

wo die aufeinander folgenden Integrale so zu nehmen sind, daß sie für $x = 0$ verschwinden und, nach beendigter Integration, $x = 1$ zu setzen ist. Unter dieser Form ist der Fehler $\varDelta$ am leichtesten zu berechnen.

7.

Vermöge des § 2 findet man:

$$\frac{d^n V}{dx^n} =$$

$$\begin{aligned}
&a^{(2n)}\, n(n-1)(n-2) \ldots 1 A' \\
&+ a^{(2n+1)} \big((n+1)n(n-1) \ldots 2 A'x + n(n-1)(n-2) \ldots 1 A''\big) \\
&+ a^{(2n+2)} \big((n+2)(n+1)n \ldots 3 A'x^2 + (n+1)n(n-1) \ldots 2 A''x \\
&\qquad + n(n-1)(n-2) \ldots 1 A'''\big) \\
&+ a^{(2n+3)} \big((n+3)(n+2)(n+1) \ldots 4 A'x^3 + (n+2)(n+1)n \ldots 3 A''x^2 \\
&\qquad + (n+1)n(n-1) \ldots 2 A'''x + n(n-1)(n-2) \ldots 1 A^{IV}\big)
\end{aligned}$$

usw.

Hieraus ergibt sich

$$\varDelta = \frac{1^2 \cdot 2^2 \cdot 3^2 \ldots n^2}{(n+1)^2 (n+2)^2 \ldots (2n)^2 (2n+1)}$$

$$\left\{\begin{aligned}
&a^{(2n)} A' + a^{(2n+1)} \left(\frac{(n+1)^2}{2n+2} A' + A''\right) + \\
&a^{(2n+2)} \left(\frac{(n+1)^2 (n+2)^2}{1 \cdot 2 \cdot (2n+2)(2n+3)} A' + \frac{(n+1)^2}{2n+2} A'' + A'''\right) + \\
&a^{(2n+3)} \left(\frac{(n+1)^2 (n+2)^2 (n+3)^2}{1 \cdot 2 \cdot 3 \cdot (2n+2)(2n+3)(2n+4)} A' + \frac{(n+1)^2 (n+2)^2}{1 \cdot 2 \cdot (2n+2)(2n+3)} A''\right. \\
&\qquad \left. + \frac{(n+1)^2}{2n+2} A''' + A^{IV}\right) \\
&\text{usw.}
\end{aligned}\right\}$$

Diese ersten Glieder des Fehlers Δ können zur Korrektur dienen. Die Größen A', A'', A''', A^{IV} usw. bilden eine wiederkehrende Reihe, da sie aus der Entwicklung des Bruchs

$$\frac{1}{\varphi(x)} =$$

$$\frac{1}{x^n - \frac{n^2}{2n}x^{n-1} + \frac{n^2(n-1)^2}{1\cdot 2\cdot 2n(2n-1)}x^{n-2} - \frac{n^2(n-1)^2(n-2)^2}{1\cdot 2\cdot 3\cdot 2n(2n-1)(2n-2)}x^{n-3} + \ldots (-1)^n \frac{n(n-1)(n-2)\ldots 1}{2n(2n-1)(2n-2)\ldots(n+1)}}$$

entstanden sind, welche wir (§ 2)

$$= \frac{A'}{x^n} + \frac{A''}{x^{n+1}} + \frac{A'''}{x^{n+2}} + \frac{A^{IV}}{x^{n+3}} + \text{usw.}$$

gesetzt hatten. Sie werden durch die Gleichungen gefunden:

$$1 = A',$$

$$0 = A'\frac{n^2}{2n} - A'',$$

$$0 = A'\frac{n^2(n-1)^2}{1\cdot 2\cdot 2n(2n-1)} - A''\frac{n^2}{2n} + A''',$$

$$0 = A'\frac{n^2(n-1)^2(n-2)^2}{1\cdot 2\cdot 3\cdot 2n(2n-1)(2n-2)} - A''\frac{n^2(n-1)^2}{1\cdot 2\cdot 2n(2n-1)} + A'''\frac{n^2}{2n} - A^{IV}$$

usw.

Diese Resultate stimmen genau mit den von Gauss gefundenen überein.

Anhang.

I. Newton.

Die Newtonsche Interpolationsmethode kommt schon in seinem berühmten Werke Philosophiae naturalis principia mathematica (1687) vor. Da auf die betreffende Stelle auch in der Abhandlung von Cotes Bezug genommen wird, so sei sie hier vollständig wiedergegeben:

. . . .

Drittes Buch. Fünfter Hilfssatz.

Eine krumme Linie parabolischer Natur zu finden, die durch irgendeine Anzahl gegebener Punkte hindurchgeht.

Jene Punkte seien $A, B, C, D, E, F, \ldots$ und man fälle von ihnen auf eine gegebene Gerade beliebiger Lage die Lote* $AH, BJ, CK, DL, EM, FN, \ldots$

Erster Fall. Wenn die Intervalle $HJ, JK, KL, \ldots$ der Punkte H, J, K, L, M, N gleich sind, so bilde man von den Loten $AH, BJ, CK, \ldots$ die ersten Differenzen** $b, b_2, b_3, b_4, b_5, \ldots$, die zweiten $c, c_2, c_3, c_4, \ldots$, die dritten $d, d_2, d_3, \ldots$, so daß also

$$AH - BJ = b, \quad BJ - CK = b_2, \quad CK - DL = b_3,$$
$$DL + EM = b_4, \quad -EM + FN = b_5, \ldots,$$

ferner $b - b_2 = c$ ist usw.

---

* Im Original steht „beliebig viele Lote“.

** Newton läßt den Index 1 fort. Er schreibt überdies die andern Indizes voran: $2\,b$, $3\,b$, $4\,b$, $5\,b$, ...

Nun werde irgendein Lot RS errichtet, das eine Ordinate der gesuchten Kurve darstellt. Um die Länge desselben zu finden, nehme man an, daß die Intervalle HJ, JK, KL, LM, ... gleich der Einheit seien, und setze:

$$AH = a, \quad -HS = p, \quad \frac{1}{2}p\cdot(-JS) = q, \quad \frac{1}{3}q\cdot(+SK) = r,$$
$$\frac{1}{4}r\cdot(+SL) = s, \quad \frac{1}{5}s\cdot(+SM) = t.$$

So geht es also fort bis zu dem vorletzten Lot ME, und man hat dabei die Glieder HS, JS, ..., die von S aus nach A zu

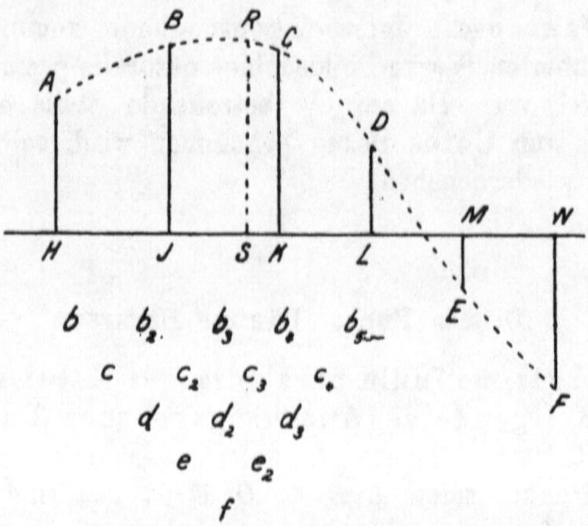

Fig. 6.

liegen, mit negativem Zeichen zu versehen, die Glieder SK, SL, ..., die auf der andern Seite des Punktes S liegen, mit positivem Zeichen. Hat man die Zeichen richtig beachtet, so wird

$$RS = a + bp + cq + dr + es + ft + \dots$$

sein.

Zweiter Fall. Wenn die Intervalle HJ, JK, ... der Punkte H, J, K, L, ... ungleich sind, so nehme man von den Loten AH, BJ, CK, ... die ersten Differenzen, dividiert durch die Lotintervalle, und nenne sie b, b_2, b_3, b_4, b_5, ..., die zweiten, dividiert durch je zwei Intervalle, nenne man c, c_2, c_3, c_4, ..., die dritten, dividiert durch je drei Intervalle, d, d_2, d_3, ..., die vierten, dividiert durch je vier Intervalle, e, e_2, ... usf. Hierbei ist also

$$b = \frac{AH - BJ}{HJ}, \quad b_2 = \frac{BJ - CK}{JK},$$

$$b_3 = \frac{CK - DL}{KL}, \quad b_4 = \frac{DL + EM}{LM}, \ldots$$

ferner

$$c = \frac{b - b_2}{HK}, \quad c_2 = \frac{b_2 - b_3}{JL}, \quad c_3 = \frac{b_3 - b_4}{KM}, \ldots,$$

dann weiter

$$d = \frac{c - c_2}{HL}, \quad d_2 = \frac{c_2 - c_3}{JM}, \ldots,$$

$$e = \frac{d - d_2}{HM}, \ldots$$

usw.*

Sind die Differenzen gefunden, so setze man

$$AH = a, \quad -HS = p, \quad p \cdot (-JS) = q, \quad q \cdot (+SK) = r,$$
$$r \cdot (+SL) = s, \quad s \cdot (+SM) = t.$$

So geht es also fort bis zum vorletzten Lot ME. Dann wird für die Ordinate RS die Gleichung gelten:

$$RS = a + bp + cq + dr + es + ft + \ldots$$

Folgerung. Hiervon ausgehend kann man die Flächen aller Kurven beliebig genau ermitteln. Findet man nämlich von einer zu quadrierenden Kurve irgendwieviele Punkte und denkt sich durch dieselben eine Parabel gelegt, so wird die Fläche dieser Parabel ziemlich genau mit der Fläche jener zu quadrierenden Kurve übereinstimmen. Die Parabel läßt sich aber nach wohlbekannten Methoden geometrisch quadrieren.

. . . .

Newton benutzt den obigen Hilfssatz, um „aus irgendeiner Anzahl beobachteter Örter eines Kometen dessen Ort für einen beliebig gegebenen Zwischenpunkt" zu ermitteln (was auch Cotes am Anfang seiner Arbeit erwähnt). Erst 1711 kam er aber

* „$b_4 = \frac{DL + EM}{LM}$" und „$e = \frac{d - d_2}{HM}$" haben wir hinzugefügt.

dazu, durch Jones eine selbständige Abhandlung über seine Interpolations- und Quadraturmethode herausgeben zu lassen unter dem Titel: Methodus differentialis.

Zwischen diesen beiden Newtonschen Auslassungen über die genannte Methode besteht aber ein erheblicher Unterschied. Die Hauptformel des Lemma V, welches wir oben wiedergegeben haben, kommt in der Methodus differentialis nicht vor. Diese Formel

$$RS = a + bp + cq + dr + es + ft + \dots$$

ist gerade das, was man jetzt gewöhnlich als „Newtonsche Interpolationsformel“ bezeichnet. Es wird bei dieser Formel, kurz gesagt, ein Rand des Schemas der Differenzenquotienten als gegeben betrachtet. In der Methodus differentialis dagegen ist die Mittellinie des Schemas ausgezeichnet: die auf ihr liegenden Differenzenquotienten bzw. die arithmetischen Mittel aus zwei angrenzenden Differenzenquotienten werden als bekannt angesehen. Aus den Betrachtungen in Propositio II der Methodus differentialis kann man die Interpolationsformel des Lemma V ohne weiteres entnehmen, da in Propositio II gerade mit den Differenzenquotienten eines Randes operiert wird. Trotzdem läßt Newton seine ältere Interpolationsformel ganz unerwähnt. Es liegen allerdings 24 Jahre zwischen beiden Publikationen. Möglicherweise hat Newton bei der Abfassung der Methodus differentialis nicht mehr an die ältere Formel gedacht. In einer Arbeit von Stirling, die in den Philosophical Transactions von 1719 unter dem Titel Methodus differentialis Newtoniana illustrata erschien, werden beide Formeln entwickelt (freilich nur für gleiche Intervalle). Es wird dort zugleich mit Nachdruck betont, daß Newton schon 1676 sein Interpolationsverfahren in Vorlesungen behandelte. Vielleicht sah es Newton ganz gern, daß auf solche Weise auch seine ältere Formel wieder ans Licht gebracht wurde. Der Erfolg war leider der, daß man später die zweite Newtonsche Formel vielfach auf Stirlings Konto setzte. So schwer läßt sich in der Wissenschaft Eigentum sichern.

Moritz Cantor bespricht in seiner monumentalen Geschichte der Mathematik (Bd. III, 1898, S. 358ff.) ausführlich die Methodus differentialis und tut so, als behandelte sie nur die erste Newtonsche Interpolationsformel, während, wie wir schon bemerkten, gerade nur die zweite darin vorkommt.

Der Unterschied zwischen den beiden Newtonschen Formeln tritt auch in ihrer Verwendbarkeit für praktische Interpolationszwecke deutlich hervor. Handelt es sich um die Interpolation in der vollen Umgebung einer Stelle, so wird man zu der jüngeren Formel greifen. Kommt dagegen nur die halbe Umgebung in Frage, also das Gebiet rechts oder links von einer Stelle, so ist die ältere Formel vorzuziehen.

Anmerkungen.

1. Zu S. 2. Man braucht in Wirklichkeit nur die ersten Quotienten jeder Reihe, d. h. σ, ξ, λ, ζ und die erste Ordinate α.

2. Zu S. 5. Das Bildungsgesetz der Faktoren von k, l, m ... tritt deutlicher hervor, wenn man die Formel so schreibt:

$$k + xl + \frac{x^2}{2}m + \frac{2x(x^2-1)}{3\cdot4}n + \frac{x^2(x^2-1)}{2\cdot3\cdot4}o + \frac{3x(x^2-1)(x^2-4)}{3\cdot4\cdot5\cdot6}p + \frac{x^2(x^2-1)(x^2-4)}{2\cdot3\cdot4\cdot5\cdot6}q + \dots$$

In dieser Fassung steht die Formel bei Lagrange (Astronomisches Jahrbuch von 1783). Stirling bringt durch Vereinigung von je zwei Gliedern folgende einfachere Formulierung zustande (Methodus differentialis Newtoniana illustrata, 1719):

$$k + \frac{2lx + mx^2}{1\cdot2} + \frac{4nx + ox^2}{1\cdot2}\cdot\frac{x^2-1}{3\cdot4} + \frac{6px + qx^2}{1\cdot2}\cdot\frac{x^2-1}{3\cdot4}\cdot\frac{x^2-4}{5\cdot6} + \dots$$

3. Zu S. 6. Die Struktur der Formel tritt bei folgender Schreibung besser zutage:

$$k + xl + \frac{x^2-\frac{1}{4}}{1\cdot2}m + \frac{x\left(x^2-\frac{1}{4}\right)}{1\cdot2\cdot3}n + \frac{\left(x^2-\frac{1}{4}\right)\left(x^2-\frac{9}{4}\right)}{1\cdot2\cdot3\cdot4}o + \frac{x\left(x^2-\frac{1}{4}\right)\left(x^2-\frac{9}{4}\right)}{1\cdot2\cdot3\cdot4\cdot5}p + \frac{\left(x^2-\frac{1}{4}\right)\left(x^2-\frac{9}{4}\right)\left(x^2-\frac{25}{4}\right)}{1\cdot2\cdot3\cdot4\cdot5\cdot6}q + \frac{x\left(x^2-\frac{1}{4}\right)\left(x^2-\frac{9}{4}\right)\left(x^2-\frac{25}{4}\right)}{1\cdot2\cdot3\cdot4\cdot5\cdot6\cdot7}r + \dots$$

Auch hier vereinigt **Stirling** je zwei Glieder und gelangt dadurch zu folgender Fassung:

$$k + x l + \frac{3m + nx}{4} \cdot \frac{4x^2 - 1}{2 \cdot 3} + \frac{5o + px}{4^2} \cdot \frac{4x^2 - 1}{2 \cdot 3} \cdot \frac{4x^2 - 9}{4 \cdot 5}$$
$$+ \frac{7q + rx}{4^3} \cdot \frac{4x^2 - 1}{2 \cdot 3} \cdot \frac{4x^2 - 9}{4 \cdot 5} \cdot \frac{4x^2 - 25}{6 \cdot 7} + \cdots$$

4. Zu S. 6. Um die **Newtonschen** Betrachtungen in übersichtlicher Form durchzuführen, muß man vor allen Dingen eine zweckmäßige Symbolik zugrunde legen.

Für einen ersten Differenzenquotienten

$$\frac{y_{n+1} - y_n}{x_{n+1} - x_n}$$

ist die Bezeichnung

$$[y_n y_{n+1}]$$

üblich, für einen zweiten Differenzenquotienten

$$\frac{[y_{n+1} y_{n+2}] - [y_n y_{n+1}]}{x_{n+2} - x_n}$$

die Bezeichnung

$$[y_n y_{n+1} y_{n+2}],$$

für einen dritten Differenzquotienten

$$\frac{[y_{n+1} y_{n+2} y_{n+3}] - [y_n y_{n+1} y_{n+2}]}{x_{n+3} - x_n}$$

die Bezeichnung

$$[y_n y_{n+1} y_{n+2} y_{n+3}]$$

usw.

Die ältere **Newtonsche Formel** für die Parabel $n$ter Ordnung durch $n + 1$ Punkte $(x_0, y_0), \ldots, (x_n, y_n)$ lautet dann

$$y = y_0 + (x - x_0)[y_0 y_1] + (x - x_0)(x - x_1)[y_0 y_1 y_2] + \ldots$$
$$\ldots + (x - x_0)(x - x_1) \ldots (x - x_{n-1})[y_0 y_1 y_2 \ldots y_n].$$

Roger Cotes gibt hierfür in seiner Abhandlung einen Beweis, der an Einfachheit und Klarheit nichts zu wünschen übrig läßt. Es genügt aber eigentlich schon die zweite Aufstellung **Cotes'** (S. 15). Die **Newtonsche** Interpolationsformel hat nämlich die Eigentümlichkeit, ihren Charakter zu bewahren, wenn man am Schluß ein Glied oder mehrere abschneidet. Läßt man in der Formel $n$ter Ordnung das letzte Glied fort, so entsteht die Formel $(n-1)$ter Ordnung. Um dies einzusehen, braucht man sich nur folgendes klar zu machen: Wenn

$$c_0 + c_1(x - x_0) + c_2(x - x_0)(x - x_1) + \dots$$
$$\dots + c_n(x - x_0)(x - x_1)\dots(x - x_{n-1})$$

für $x_0, x_1, \dots, x_n$ zu $y_0, y_1, \dots, y_n$ wird, so wird

$$c_0 + c_1(x - x_0) + c_2(x - x_0)(x - x_1) + \dots$$
$$\dots + c_{n-1}(x - x_0)(x - x_1)\dots(x - x_{n-2})$$

für $x_0, x_1, \dots, x_{n-1}$ zu $y_0, y_1, \dots, y_{n-1}$, weil eben das unterscheidende Glied

$$c_n(x - x_0)(x - x_1)\dots(x - x_{n-1}).$$

gerade für $x_0, x_1, \dots, x_{n-1}$ verschwindet. Weiß man nun aus Cotes' zweiter Aufstellung, daß

$$c_n = [y_0\,y_1\,\dots\,y_n]$$

ist, so folgt aus derselben Aufstellung

$$c_{n-1} = [y_0\,y_1\,\dots\,y_{n-1}].$$

und weiter

$$c_{n-2} = [y_0\,y_1\dots y_{n-2}],\quad c_{n-3} = [y_0\,y_1\dots y_{n-3}],\quad \dots$$

bis zu

$$c_1 = [y_0\,y_1],\quad c_0 = y_0.$$

Cotes' zweite Aufstellung und die sie stützende erste Aufstellung bieten also einen sehr bequemen Weg zur älteren Interpolationsformel Newtons.

Bedenkt man, daß es durch $n+1$ Punkte nur eine Parabel $n$ter (oder niedrigerer Ordnung) gibt, so wird sofort klar, daß das Newtonsche Polynom

$$y_0 + (x - x_0)[y_0\,y_1] + \dots + (x - x_0)\dots(x - x_{n-1})[y_0\,y_1\dots y_n]$$

sich nicht ändern kann, wenn man die $n+1$ Punkte anders numeriert. Insbesondere muß also der Koeffizient von x^n derselbe bleiben, d. h. $[y_0\,y_1\dots y_n]$ verhält sich gegenüber allen Vertauschungen der $n+1$ Punkte indifferent. Diese wichtige Symmetrieeigenschaft der Newtonschen Differenzenquotienten bietet beim Rechnen mit ihnen große Erleichterungen. Merkwürdig, daß weder Newton noch Cotes ausdrücklich darauf hinweist. Von Newton freilich ist allgemein bekannt, daß er sich in seinen Publikationen immer große

Zurückhaltung auferlegte. So läßt er uns auch über den Weg, der ihn von seiner älteren zu der jüngeren Interpolationsformel der Methodus differentialis führte, ganz im Dunkeln. Die Bemerkung am Schlusse der zweiten Aufstellung (S. 3): „Aus diesen Aufstellungen läßt sich das Folgende leicht herleiten“ ist ein sehr unzureichender Wegweiser.

Wir möchten glauben, daß Newton ungefähr so argumentiert hat, wie wir es jetzt darlegen werden.

Erster Fall.

Parabel durch eine ungerade Zahl von Punkten.

Es handle sich z. B. um sieben Punkte mit den Nummern 0, 1, 2, 3, 4, 5, 6. Wir schreiben die ältere Newtonsche Interpolationsformel auf, wobei aber die 7 Punkte in einer anderen Folge genommen werden, und zwar in dieser:

$$3,\ 2,\ 4,\ 1,\ 5,\ 0,\ 6.$$

Sie entsteht aus der ursprünglichen dadurch, daß man zuerst den mittelsten Punkt 3 heraushebt und die so entstehende Lücke abwechselnd nach links und nach rechts vergrößert, indem man 2 und 4, 1 und 5, 0 und 6 fortnimmt. Die Newtonsche Interpolationsformel lautet nun für die neue Punktfolge:

$$\begin{aligned} y = y_3 &+ (x-x_3)[y_3\,y_2] + (x-x_3)(x-x_2)[y_3\,y_2\,y_4] \\ &+ (x-x_3)(x-x_2)(x-x_4)[y_3\,y_2\,y_4\,y_1] \\ &+ (x-x_3)(x-x_2)(x-x_4)(x-x_1)[y_3\,y_2\,y_4\,y_1\,y_5] \\ &+ (x-x_3)(x-x_2)(x-x_4)(x-x_1)(x-x_5)[y_3\,y_2\,y_4\,y_1\,y_5\,y_0] \\ &+ (x-x_3)(x-x_2)(x-x_4)(x-x_1)(x-x_5)(x-x_0)[y_3\,y_2\,y_4\,y_1\,y_5\,y_0\,y_6]. \end{aligned}$$

Legt man statt 3, 2, 4, 1, 5, 0, 6 die auf ganz ähnliche Weise entstehende Folge

$$3,\ 4,\ 2,\ 5,\ 1,\ 6,\ 0$$

zugrunde, so nimmt die Newtonsche Interpolationsformel die Gestalt an:

$$\begin{aligned} y = y_3 &+ (x-x_3)[y_3\,y_4] + (x-x_3)(x-x_4)[y_3\,y_4\,y_2] \\ &+ (x-x_3)(x-x_4)(x-x_2)[y_3\,x_4\,y_2\,y_5] \\ &+ (x-x_3)(x-x_4)(x-x_2)(x-x_5)[y_3\,y_4\,y_2\,y_5\,y_1] \\ &+ (x-x_3)(x-x_4)(x-x_2)(x-x_5)(x-x_1)[y_3\,y_4\,y_2\,y_5\,y_1\,y_6] \\ &+ (x-x_3)(x-x_4)(x-x_2)(x-x_5)(x-x_1)(x-x_6)[y_3\,y_4\,y_2\,y_5\,y_1\,y_6\,y_0]. \end{aligned}$$

Aus beiden Formeln ergibt sich durch Mittelbildung (Addition und Division durch 2) die jüngere Newtonsche Interpolationsformel für 7 Punkte. Sie lautet, wenn man die Symmetrieeigenschaft der Newtonschen Differenzenquotienten berücksichtigt, folgendermaßen:

$$
\begin{aligned}
y = y_3 &+ (x - x_3)\frac{[y_2 y_3] + [y_3 y_4]}{2} + (x - x_3)\left(x - \frac{x_2 + x_4}{2}\right)[y_2 y_3 y_4] \\
&+ (x - x_3)(x - x_2)(x - x_4)\frac{[y_1 y_2 y_3 y_4] + [y_2 y_3 y_4 y_5]}{2} \\
&+ (x - x_3)(x - x_2)(x - x_4)\left(x - \frac{x_1 + x_5}{2}\right)[y_1 y_2 y_3 y_4 y_5] \\
&+ (x - x_3)(x - x_2)(x - x_4)(x - x_1)(x - x_5)\frac{[y_0 y_1 y_2 y_3 y_4 y_5] + [y_1 y_2 y_3 y_4 y_5 y_6]}{2} \\
&+ (x - x_3)(x - x_2)(x - x_4)(x - x_1)(x - x_5)\left(x - \frac{x_0 + x_6}{2}\right)[y_0 y_1 y_2 y_3 y_4 y_5 y_6].
\end{aligned}
$$

Stellt man unter Zugrundelegung der ursprünglichen Folge 0, 1, 2, 3, 4, 5, 6 das Schema der Differenzenquotienten auf, so erhält man:

$$
\begin{array}{ccccccccccccc}
y_0 & & y_1 & & y_2 & & y_3 & & y_4 & & y_5 & & y_6 \\
& [y_0 y_1] & & [y_1 y_2] & & [y_2 y_3] & & [y_3 y_4] & & [y_4 y_5] & & [y_5 y_6] & \\
& & [y_0 \cdot y_2] & & [y_1 \cdot y_3] & & [y_2 \cdot y_4] & & [y_3 \cdot y_5] & & [y_4 \cdot y_6] & & \\
& & & [y_0 \cdot\cdot y_3] & & [y_1 \cdot\cdot y_4] & & [y_2 \cdot\cdot y_5] & & [y_3 \cdot\cdot y_6] & & & \\
& & & & [y_0 \cdots y_4] & & [y_1 \cdots y_5] & & [y_2 \cdots y_6] & & & & \\
& & & & & [y_0 \cdot\cdot\cdot\cdot y_5] & & [y_1 \cdot\cdot\cdot\cdot y_6] & & & & & \\
& & & & & & [y_0 \cdot\cdot\cdot\cdot\cdot y_6] & & & & & &
\end{array}
$$

Man sieht dann deutlich, wie in der jüngeren Newtonschen Interpolationsformel die Mittellinie dieses Schemas ausgezeichnet ist.

Zweiter Fall.

Parabel durch eine gerade Zahl von Punkten.

Es handle sich z. B. um 6 Punkte mit den Nummern 0, 1, 2, 3, 4, 5. Bevor wir die ältere Newtonsche Formel anwenden, stellen wir ähnlich wie beim ersten Fall eine neue Reihenfolge her. Wir nehmen die beiden mittelsten Punkte heraus und erweitern die so entstehende Lücke abwechselnd nach links und rechts bzw. nach rechts oder links. Dadurch erhalten wir

2, 3, 1, 4, 0, 5 bzw. 3, 2, 4, 1, 5, 0.

Die zugehörigen Newtonschen Formeln

$$\begin{aligned}y = y_2 &+ (x - x_2)[y_2\,y_3] + (x - x_2)(x - x_3)[y_2\,y_3\,y_1]\\ &+ (x - x_2)(x - x_3)(x - x_1)[y_2\,y_3\,y_1\,y_4]\\ &+ (x - x_2)(x - x_3)(x - x_1)(x - x_4)[y_2\,y_3\,y_1\,y_4\,y_0]\\ &+ (x - x_2)(x - x_3)(x - x_1)(x - x_4)(x - x_0)[y_2\,y_3\,y_1\,y_4\,y_0\,y_5]\end{aligned}$$

und

$$\begin{aligned}y = y_3 &+ (x - x_3)[y_3\,y_2] + (x - x_3)(x - x_2)[y_3\,y_2\,y_4]\\ &+ (x - x_3)(x - x_2)(x - x_4)[y_3\,y_2\,y_4\,y_1]\\ &+ (x - x_3)(x - x_2)(x - x_4)(x - x_1)[y_3\,y_2\,y_4\,y_1\,y_5]\\ &+ (x - x_3)(x - x_2)(x - x_4)(x - x_1)(x - x_5)[y_3\,y_2\,y_4\,y_1\,y_5\,y_0]\end{aligned}$$

werden nun durch Mittelbildung zu einer neuen vereinigt, die eben die jüngere Newtonsche Interpolationsformel für 6 Punkte ist. Sie lautet, wenn man wieder die Symmetrieeigenschaft der Newtonschen Differenzenquotienten ausnutzt,

$$\begin{aligned}y = \frac{y_2 + y_3}{2} &+ \left(x - \frac{x_2 + x_3}{2}\right)[y_2\,y_3] + (x - x_2)(x - x_3)\frac{[y_1\,y_2\,y_3] + [y_2\,y_3\,y_4]}{2}\\ &+ (x - x_2)(x - x_3)\left(x - \frac{x_1 + x_4}{2}\right)[y_1\,y_2\,y_3\,y_4]\\ &+ (x - x_2)(x - x_3)(x - x_1)(x - x_4)\frac{[y_0\,y_1\,y_2\,y_3\,y_4] + [y_1\,y_2\,y_3\,y_4\,y_5]}{2}\\ &+ (x - x_2)(x - x_3)(x - x_1)(x - x_4)\left(x - \frac{x_0 + x_5}{2}\right)[y_0\,y_1\,y_2\,y_3\,y_4\,y_5].\end{aligned}$$

Das Schema der Differenzenquotienten ist hier folgendes:

$$\begin{array}{ccccccccccc} y_0 & & y_1 & & y_2 & & y_3 & & y_4 & & y_5\\ & [y_0\,y_1] & & [y_1\,y_2] & & [y_2\,y_3] & & [y_3\,y_4] & & [y_4\,y_5] & \\ & & [y_0\cdot y_2] & & [y_1\cdot y_3] & & [y_2\cdot y_4] & & [y_3\cdot y_5] & & \\ & & & [y_0\cdot\cdot y_3] & & [y_1\cdot\cdot y_4] & & [y_2\cdot\cdot y_5] & & & \\ & & & & [y_0\cdots y_4] & & [y_1\cdots y_5] & & & & \\ & & & & & [y_0\cdots\cdot y_5] & & & & & \end{array}$$

Man sieht wieder deutlich, in welcher Weise die Mittellinie des Schemas bevorzugt ist.

Für den Fall gleicher Intervalle hat Stirling in der oben zitierten Methodus differentialis Newtoniana illustrata (1719) die hier dargelegte Dreiteilung des Newtonschen Verfahrens mit voller Klarheit entwickelt, ebenso im zweiten Teile seines 1730 erschienenen Werkes Methodus differentialis sive Tractatus de summatione et interpolatione serierum infinitarum. Für ungleiche Teilintervalle beschränkt er sich auf die ältere Newtonsche Formel. Übrigens bespricht er außerdem eine andere Interpolationsart, die sogenannte hyperbolische Interpolation, die ür sehr fernliegende Glieder geeignet ist, wo die Newtonschen Parabeln versagen.

II. Cotes.

Roger Cotes (1652—1716), ein Pfarrerssohn, zeigte schon in früher Jugend großes mathematisches Talent und erhielt in dessen Ausbildung jede nur mögliche Förderung. 1706 wurde er Professor der Astronomie und Physik in Cambridge. Newton schätzte ihn sehr hoch und übertrug ihm die Besorgung der 2. Auflage der Principia. Allgemein bekannt ist Cotes durch sein Theorem über reguläre Polygone, welches sein Vetter Robert Smith aus den Papieren des Verstorbenen gerettet hat. Smith gab 1722 die gesammelten Schriften Cotes' heraus unter dem Titel: Harmonia mensurarum sive Analysis et Synthesis per rationum et angulorum mensuras promotae. Accedunt alia Opuscula mathematica per Rogerum Cotesium.

Unter den Opuscula oder Opera miscellanea, wie der Sondertitel auch heißt, steht an zweiter Stelle die hier zum ersten Male ins Deutsche übertragene Abhandlung: De methodo differentiali Newtoniana. Cotes leitet darin die ältere Newtonsche Interpolationsformel ab, um sie auf das Quadraturproblem anzuwenden. Er hat seine Resultate im Anschluß an die sehr knappen Newtonschen Bemerkungen in dem oben mitgeteilten Hilfssatz V des dritten Buches der Principia gefunden (1707) und lernte Newtons Methodus differentialis erst 1711 kennen. Merkwürdig ist es, daß Cotes den Unterschied zwischen seiner und Newtons Abhandlung hauptsächlich darin erblickt, daß er die Koeffizienten der interpolierenden Funktion auf andere Weise bestimmt. Warum weist er nicht darauf hin, daß Newtons Methodus differentialis eine ganz neue Interpolationsformel bringt?

Cotes hat übrigens auch über die jüngere Newtonsche Formel eine besondere Abhandlung verfaßt, die in den Opuscula an dritter Stelle zu finden ist unter dem Titel: Canonotechnia sive Constructio tabularum per differentias. Lagrange macht in seiner Abhandlung über Interpolation, die 1778 in der Berliner Akademie gelesen wurde und 1783 deutsch im astronomischen Jahrbuch erschien, auf diese Cotessche Abhandlung und ihre Beziehung zu Newtons Methodus differentialis aufmerksam. Bei Moritz Cantor wird sie, wie mir scheint, gar nicht erwähnt. Hätte Cantor sie durchblättert, so wäre er auf den Unterschied zwischen den beiden Newtonschen Formeln gekommen und hätte sein ungenaues Referat über die Methodus differentialis korrigieren können. Die Canonotechnia ist übrigens etwas weitschweifig geschrieben und neben Newtons Methodus differentialis nicht von so großer Bedeutung, daß sie in vorliegender Sammlung einen Platz verdiente. Stirling, dieser eifrige Interpret der Newtonschen Interpolationsmethoden, der übrigens auch über den Newtonschen Katalog der Kurven dritter Ordnung eine erläuternde Abhandlung schrieb, hat Cotes' Arbeiten über Interpolation nirgends zitiert. Auch in seinem Tractatus von 1730 spricht er nur ganz unbestimmt von „mehreren berühmten Geometern, die nach Newton von der Beschreibung einer parabolischen Kurve durch irgendeine Anzahl von Punkten gehandelt haben".

Anmerkungen.

1. Zu S. 12. Vgl. den in der Einleitung der Anmerkungen zu Newton mitgeteilten Hilfssatz aus den Principia.

2. Zu S. 13. Diese Briefstelle (aus Newtons berühmtem Brief an Leibniz bzw. Oldenburg vom 24. Oktober 1676) wird im Tractatus von Stirling (1730) sogar wörtlich angeführt, woraus man sieht, wie großes Gewicht die Anhänger Newtons auf diese Datierung legten. Sie lautet in deutscher Übersetzung:

„... Wo die einfachen Reihen nicht leicht genug zu behandeln sind, habe ich eine andere, noch nicht veröffentlichte Methode, durch die man sich dem Verlangten beliebig nähern kann. Ihre Grundlage ist eine bequeme, leichte und allgemeine

Lösung des folgenden Problems: Eine geometrische Kurve zu beschreiben, die durch beliebig viele gegebene Punkte hindurchgeht. Euklides hat gelehrt, wie man einen Kreis durch drei gegebene Punkte beschreibt; es kann auch ein Kegelschnitt durch fünf gegebene Punkte beschrieben werden und eine Kurve von drei Dimensionen durch sieben gegebene Punkte, so daß ich die Beschreibung aller Kurven dieser Ordnung beherrsche, die nur durch sieben Punkte bestimmt werden. Dies läßt sich sofort geometrisch ohne jede Zwischenrechnung machen. Aber das oben genannte Problem ist von anderer Art. Und obwohl es beim ersten Anblick unangreifbar erscheint, so verhält sich die Sache doch anders. Es gehört nämlich zu dem Schönsten, was ich zu lösen wünschen möchte".

Newton spricht hier von einer Kurve dritter Ordnung durch sieben Punkte. Er meint neun Punkte. Stirling fügt (a. a. O. S. 97), nachdem er die obige Briefstelle mitgeteilt hat, noch folgendes zur Erläuterung hinzu:

„Newton lehrt im 58. Satze seiner Arithmetica universalis die Beschreibung einer konischen Parabel durch vier Punkte oder er lehrt vielmehr eine Methode zur Auffindung der Gleichung der Parabel, die durch vier gegebene Punkte hindurchgeht. Und nach derselben Methode läßt sich eine Linie dritter Ordnung durch neun Punkte, eine Linie vierter Ordnung durch vierzehn Punkte beschreiben usw."

Man sieht, wie taktvoll Stirling hier Newton korrigiert.

3. Zu S. 16. Statt „dividierte Differenzen" oder Differenzenquotienten sagt Cotes (wie Newton) vielfach kurz „Differenzen".

4. Zu S. 17. Dies ist die ältere Newtonsche Interpolationsformel. In moderner Schreibweise lautet sie:

$$y = y_0 + (x - x_0)[y_0 y_1] + (x - x_0)(x - x_1)[y_0 y_1 y_2] + \dots$$

Die Koeffizienten sind aus dem Schema der Differenzenquotienten zu entnehmen. Aus der Newtonschen ergibt sich auch die berühmte Taylorsche Formel durch einen Grenzübergang, den schon Taylor selbst in seiner Methodus incrementorum, wenn auch nicht bei beliebiger Intervallteilung, durchgeführt hat (1715).

5. Zu S. 21. Das Beispiel der Binomialreihe entstammt dem ureigensten Gedankenkreise Newtons, der die Ausdehnung der Binomialformel auf beliebige rationale Exponenten durch Interpolation fand. Den Begriff der Interpolation verdankt Newton vermutlich Wallis, in dessen Arithmetica infinitorum (1655) davon die Rede ist. In Stirlings Methodus differentialis illustrata (1719), die wir bereits mehrfach zitiert haben, steht dieses Beispiel auch. Stirling bringt noch mehrere andere schöne Beispiele. Wir wollen hier wenigstens eins davon in modernisierter Fassung darlegen.

Um

$$\int_0^x \frac{dx}{1+x^2} = \int_0^x (1+x^2)^{-1}\,dx$$

zu finden, interpoliert Stirling die Reihe

$$y_0 = \int_0^x dx = x, \qquad y_1 = \int_0^x (1+x^2)^1\,dx = x + \frac{x^3}{3},$$

$$y_2 = \int_0^x (1+x^2)^2\,dx = x + \frac{2x^3}{3} + \frac{x^5}{5}, \ldots$$

und findet für y_{-1} oder arc tg$\,x$ die bekannte Formel

$$x - \frac{x^3}{3} + \frac{x^5}{5} - \ldots,$$

als deren Erfinder er Jacob Gregory nennt, der sie am Anfang des Jahres 1671 an Collins mitgeteilt habe, von dem sie durch Oldenburgs Vermittelung an Leibniz gelangt sei („ad Leibnitium delata est"). Man sieht, wie damals jede Gelegenheit benutzt wurde, um auf den großen deutschen Mathematiker zu sticheln.

6. Zu S. 23. Diese geometrische Quadratur wird erst klar, wenn man sie analytisch verdolmetscht. KS nimmt man am besten als Längeneinheit. Die in stetiger Proportion stehenden (d. h. eine geometrische Reihe bildenden) Strecken KP, KS, KT, KQ werden dann durch

$$x - x_1, \quad 1, \quad (x-x_1)^{-1}, \quad (x-x_1)^{-2}$$

gemessen, und es ist nach Cotes' Angaben

$$ka = KA, \quad ke = \frac{x - x_1}{2} KE,$$

$$ki = \frac{(x - x_1)^2}{3} KJ, \quad ko = \frac{(x - x_1)^3}{4} KO.$$

Der gesuchte Flächeninhalt drückt sich, wie Cotes sagt, so aus:

$$AKPM = (x - x_1) KA + \frac{(x - x_1)^2}{2} KE$$

$$+ \frac{(x - x_1)^3}{3} KJ + \frac{(x - x_1)^4}{4} KO.$$

Was die Ordinaten KA, KE, KJ, KO anbetrifft, so ergeben sie sich, wenn man die vorliegende Kurve durch

$$y = C_0 + C_1 (x - x_1) + C_2 (x - x_1)^2 + C_3 (x - x_1)^3$$

approximiert. C_0, C_1, C_2, C_3 sind dann gleich KA, KE, KJ, KO. Man erkennt nämlich, daß sie die Werte von

$$y, \quad z = \frac{y - y_1}{x - x_1}, \quad u = \frac{z - z_1}{x - x_1}, \quad v = \frac{u - u_1}{x - x_1} \text{ für } x = x_1 \text{ sind,}$$

d. h.: y_1, z_1, u_1, v_1.

Hierzu vergleiche man die vierte Aufstellung Cotes' (S. 18).

7. Zu S. 24. Gemeint ist die Methodus differentialis.

8. Zu S. 25. Seine Quadraturentabelle hat Cotes anscheinend erst im Anschluß an die Methodus differentialis von Newton berechnet. Dieser hatte nur die zweite Formel angegeben. Cotes spricht sich nicht darüber aus, wie er seine Rechnungen angestellt hat. Doch finden wir dies keineswegs auffällig wie Gauss (vgl. dessen S. 94 mitgeteilte Selbstanzeige). Denn es ist wohl klar, daß Cotes einfach die Newtonsche Interpolationsformel aufschrieb und diese integrierte, ein allerdings sehr umständliches Verfahren. Bequemer geht es mit der Interpolationsformel von Lagrange, die Gauss benutzt.

III. Gauss.

Gauss hat in der Theorie der genäherten Quadraturen dadurch einen wesentlichen Fortschritt erzielt, daß er sich von der Voraussetzung gleicher Intervalle frei machte. Dabei ergab sich die Frage, wie man in zweckmäßigster Weise die Teilung des Grundintervalls in ungleiche Stücke zu wählen hat.

Den besten Überblick über den Inhalt der Gaussschen Arbeit und ihr Verhältnis zu denen seiner Vorgänger gewinnt man aus der Selbstanzeige, die Gauss in den Göttingischen gelehrten Anzeigen am 26. September 1814 erscheinen ließ. Sie sei hier vollständig abgedruckt:

„Der königl. Sozietät wurde am 16. September von dem Prof. Gauss eine Vorlesung eingereicht überschrieben:

Methodus nova integralium valores per approximationem inveniendi".

Unter den verschiedenen Methoden zur genäherten Bestimmung der Integrale, oder wie es in der Sprache der älteren Analysten hieß, zur genäherten Quadratur krummliniger Figuren, ist die Newton-Cotesische, welche sich auf die Interpolationsmethode gründet, eine der brauchbarsten. Newton hatte eine Auflösung der Aufgabe gegeben, durch eine beliebige Anzahl gegebener Punkte eine parabolische Kurve zu ziehen, deren immer leicht ausführbare Quadratur dann näherungsweise die Stelle der Quadratur der eigentlich vorgegebenen durch jene Punkte gehenden Kurve vertreten kann, und zwar desto genauer, je mehr Punkte man in Anwendung bringt. Newton hatte es indessen bei dieser allgemeinen Andeutung bewenden lassen und nur gleichsam beispielsweise für den Fall von vier in gleichen Zwischenräumen liegenden Ordinaten A, B, C, D den genäherten Flächenraum zwischen der ersten und letzten, wenn deren Entfernung $= R$ ist, durch

$$\left(\frac{1}{8}A + \frac{3}{8}B + \frac{3}{8}C + \frac{1}{8}D\right)R$$

angeführt. Cotes, welcher für sich, und noch ehe Newtons Schrift Methodus differentialis erschienen war, schon im Jahre 1707 ähnliche Untersuchungen angestellt hatte, wurde durch die zierliche Form, in welcher Newton das Endresultat in obigem Beispiele dargestellt hatte (pulcherrima et utilissima regula nennt es Cotes), bewogen, diese Vorschriften weiter und bis auf den Fall von 11 Ordinaten auszudehnen. Immer erscheint so der verlangte Flächenraum in der Gestalt des Produkts der Basis, oder der Entfernung der äußersten Ordinaten, in die Summe der durch bestimmte Zahlkoeffizienten multiplizierten Ordinaten, und zwar haben zwei gleich weit vom Anfang und Ende abliegende Ordinaten allemal gleiche Koeffizienten. Diese Quadraturkoeffizienten bis zu dem Fall von 11 Ordinaten gibt Cotes am Schluß der Abhandlung de methodo differentiali, welche einen Teil der Harmonia mensurarum ausmacht, ohne sich über das Verfahren, wodurch er sie berechnet hat, weiter zu erklären. Vielleicht hat man es dieser anspruchslosen Kürze, womit bloß das Endresultat dargestellt ist, zuzuschreiben, daß diese schöne und zweckmäßige Methode von den Analysten weniger gekannt und benutzt zu sein scheint, als sie es verdient.

Bei dieser Methode liegt durchaus die Voraussetzung gleicher Abstände zwischen den Ordinaten zu Grunde. Allerdings scheint beim ersten Anblick diese Voraussetzung am einfachsten und natürlichsten zu sein, und es war noch nicht in Frage gekommen, ob es nicht dem ungeachtet noch vorteilhafter sein könne, Ordinaten in ungleichen Abständen zum Grunde zu legen. Um diese Frage zu entscheiden, mußte zuerst die Theorie der Quadraturkoeffizienten in unbeschränkter Allgemeinheit entwickelt und der Grad der Genauigkeit des Resultats bestimmt werden. Es zeigte sich, daß die Bedingungen, wovon dieser Grad der Genauigkeit abhängt, von der Art sind, daß man dieselbe durch zweckmäßig gewählte Ordinaten in ungleichen Abständen allerdings verdoppeln kann, so daß man mit einer beliebigen Anzahl gehörig gewählter Ordinaten ebenso weit reicht, als mit der doppelten Anzahl von Ordinaten in gleichen Abständen. Diese Untersuchungen, nebst der vollständigen Theorie der zweckmäßigsten Auswahl der Ordinaten, der dabei anzuwendenden Quadraturkoeffizienten und der Bestimmung des Grades der Genauigkeit, welchen dieses Verfahren gewährt, machen den Hauptinhalt der vorliegenden Abhandlung aus.

Aus der kurzen Entwickelung der Theorie der Cotesischen Quadraturkoeffizienten, welche der Verf. vorausschicken zu müssen glaubte, berühren wir hier nur dasjenige, was den Grad der Genauigkeit betrifft, welchen die dadurch gefundenen genäherten Integrale haben. Vor allem muß hier bemerkt werden, daß die Anwendbarkeit dieser Methode, ebenso wie das Interpolieren, auf der Voraussetzung beruhe, daß die Ordinaten innerhalb des zu quadrierenden Raumes sich durch eine konvergierende Reihe darstellen lassen. Es sei x die Abszisse, y die Ordinate und das Integral $\int y\,dx$ werde von $x = g$ bis $x = h$ verlangt. Man führe statt x eine andere veränderliche Größe ein, indem man etwa

$$x = g + (h - g)t$$

oder auch

$$x = \frac{1}{2}(g + h) + \frac{1}{2}(h - g)u$$

setzt. Hier muß also y sich durch Reihen wie

$$\alpha + \alpha' t + \alpha'' t^2 + \alpha''' t^3 + \text{usw.}$$

oder

$$\beta + \beta' u + \beta'' u^2 + \beta''' u^3 + \text{usw.}$$

darstellen lassen, die konvergieren, jene, wenigstens so lange t, diese, so lange u nicht größer wird als 1. Man mag daher der Kürze wegen den Koeffizienten α' und β' die Ordnung 1, den Koeffizienten α'' und β'' die Ordnung 2 usw. beilegen. Dies vorausgesetzt, wird gezeigt, daß die Fehler, denen man sich bei der Cotesischen Methode aussetzt, zwar immer von einer höheren Ordnung werden, je größer die Anzahl der zum Grunde gelegten Werte von y ist, jedoch so, daß eine ungerade Anzahl und die zunächst größere gerade Anzahl immer Fehler von einerlei Ordnung hervorbringen. So ist für drei Ordinaten der Fehler sehr nahe

$$= \frac{1}{120}(h - g)\alpha'''',$$

für vier Ordinaten nahe

$$= \frac{1}{270}(h - g)\alpha'''';$$

sodann für fünf Ordinaten nahe

$$= \frac{1}{2688}(h - g)\alpha^{\mathrm{VI}}$$

und für sechs Ordinaten nahe

$$= \frac{11}{52500}(h-g)\alpha^{\text{vi}} \text{ usf.}$$

Man sieht hieraus, daß es im allgemeinen vorteilhaft sein wird, bei Anwendung der Cotesischen Methode eine ungerade Anzahl von Ordinaten zu benutzen.

Der Verf. geht hierauf zu der allgemeinen Untersuchung über, wo die Einschränkung, daß die Ordinaten gleiche Abstände voneinander haben, wegfällt. Sind hier A, A', A'' usw. die Werte von y, die entsprechenden Werte von t hingegen a, a', a'' usw. oder b, b', b'' usw. die entsprechenden Werte von u und ihre Anzahl $n+1$, so wird das genäherte Integral wiederum die Gestalt haben

$$(h-g)(RA + R'A' + R''A'' + \text{ usw.}),$$

wo R, R', R'', usw. Zahlkoeffizienten sind, die unabhängig von der Funktion y bloß durch a, a', a'' usw. oder durch b, b', b'' usw. bestimmt werden. Die Untersuchungen des Verf. geben für diese Bestimmung folgendes Resultat. Es sei

$$T = (t-a)(t-a')(t-a'')\ldots$$

Aus der Multiplikation dieser ganzen Funktion von t, welche auf die Ordnung $n+1$ steigt, in die unendliche Reihe, welche den Logarithmen von $\frac{t}{t-1}$ vorstellt, nämlich

$$t^{-1} + \frac{1}{2}t^{-2} + \frac{1}{3}t^{-3} + \text{ usw.}$$

ergebe sich das Produkt $T' + T''$, so daß T' die darin enthaltene ganze Funktion von t bezeichnet, so wie T'' die übrige mit negativen Potenzen von t ins Unendliche fortlaufende Reihe. Dies vorausgesetzt, ergeben sich die Quadraturkoeffizienten R, R', R'' usw., wenn man in $\frac{T'\,dt}{dT}$ für t der Reihe nach die Werte a, a', a'' usw. substituiert. Auf eine ähnliche und noch etwas bequemere Art leitet man jene Koeffizienten aus b, b', b'' usw. ab, indem man die Funktion

$$(u-b)(u-b')(u-b'')\ldots$$

durch U, ihr Produkt in die unendliche Reihe

$$u^{-1} + \frac{1}{3}u^{-3} + \frac{1}{5}u^{-5} + \text{ usw.}$$

durch $U' + U''$ bezeichnet (so daß U' die darin enthaltene ganze Funktion von u vorstellt), und dann in $\frac{U'\,du}{d\,U}$ für u der Reihe nach die Werte b, b', b'' usw. substituiert. Statt der gebrochenen Funktionen $\frac{T'\,dt}{d\,T}$, $\frac{U'\,du}{d\,U}$ lassen sich auch ganze Funktionen von t und u finden, welche die Stelle von jenen vertreten können, und für deren Bestimmung der Verf. eine allgemeine Methode entwickelt.

Der Grad der Genauigkeit der Integrationsformel hängt nun von der Beschaffenheit der Reihe T'' oder U'' ab. Im allgemeinen ist der Fehler zwar von der Ordnung $n+1$; allein wenn von den ersten Gliedern jener Reihen einige ausfallen, so wird der Fehler von einer höheren Ordnung, so daß wenn T'' erst mit der Potenz t^{-m} oder U'' mit der Potenz u^{-m} anfängt, der Fehler von der Ordnung $n+m$ wird.

Hieraus ergab sich nun, daß insofern die Werte a, a', a'' usw. oder b, b', b'' usw. willkürlich gewählt werden können, diese sich so bestimmen lassen müssen, daß die ersten $n+1$ Glieder von T'' oder U'' wirklich ausfallen, wovon die Folge sein wird, daß der Fehler der Integrationsformel auf die Ordnung $2n+2$ kommt. Die Untersuchung schreitet demnach zu der Bestimmung derjenigen Funktionen T und U, für jeden Wert von n, fort, wodurch der angegebenen Bedingung Genüge geleistet wird. Der beschränkte Raum erlaubt uns nicht, in das Einzelne der Untersuchung hier einzugehen: wir bemerken also hier nur, daß diese Funktionen ein sehr einfaches Fortschreitungsgesetz befolgen und in genauem Zusammenhange stehen mit der Entwicklung der Reihen

$$t^{-1} + \frac{1}{2}t^{-2} + \frac{1}{3}t^{-3} + \frac{1}{4}t^{-4} + \text{ usw.}$$

$$u^{-1} + \frac{1}{3}u^{-3} + \frac{1}{5}u^{-5} + \frac{1}{7}u^{-7} + \text{ usw.}$$

in kontinuierliche Brüche, die der Verf. in einer früheren Abhandlung (Disquisitiones generales circa seriem infinitam $1 + \frac{\alpha \cdot \beta}{1 \cdot \gamma}x +$ etc.) gegeben hat. — Offenbar gibt demnächst die Auflösung der Gleichung $T = 0$ oder $U = 0$ die Werte von a, a', a'' usw. oder b, b', b'' usw., und die Werte der Quadraturkoeffizienten werden nach den allgemeinen Regeln bestimmt, die in diesem Falle noch besondere Vereinfachungen vertragen. Übrigens werden allerdings in den meisten Fällen sowohl die Werte von a, a', a'' usw. als die Quadraturkoeffizienten Irrationalgrößen. Dies ist indes an sich sehr gleichgültig, sobald nur ihre numerischen Werte ein für allemal mit einem angemessenen Grad von Genauigkeit berechnet sind. Ist dies der Fall, so wird die Anwendung dieser Methode auf irgendeine Anzahl von Ordinaten wenig oder gar nicht mehr Mühe machen, als die Anwendung der Cotesischen Methode auf eine ebenso große Anzahl, da hingegen letztere auf eine doppelt so große Anzahl angewandt werden müßte, um ungefähr dieselbe Genauigkeit des Resultats zu geben, wie erstere.

Um für die Anwendung dieser neuen Methode nichts zu wünschen übrig zu lassen, hat der Verf. noch die numerischen Werte von a, a', a'' usw., sowie von R, R', R'' usw., auf 16 Dezimalen berechnet, mitgeteilt, zugleich mit den Briggischen Logarithmen der letzteren auf 10 Dezimalen, alles bis zu dem Fall von sieben Ordinaten. In diesem letzten Falle wird der Fehler der Integrationsformel nahe

$$= \frac{1}{176\,679\,360}\,\alpha^{XIV},$$

woraus man abnehmen kann, daß in den meisten in der Ausübung vorkommenden Fällen schon eine geringere Anzahl zureichen wird. Um die Anwendung der Vorschriften und ihre verhältnismäßige Schärfe noch mehr zu versinnlichen, ist als Beispiel die Berechnung von $\int \frac{dx}{\log x}$ von $x = 100\,000$ bis $x = 200\,000$ beigefügt, wo schon bei der Anwendung von vier Werten der Fehler nur $\frac{1}{56\,000\,000}$ des Ganzen ist, und bei einer größeren Anzahl sich in den unvermeidlichen Fehlern verliert, die selbst die größeren Logarithmentafeln noch übrig lassen.“

Der Astronom J. F. Encke, ein Schüler von Gauss, macht über die Gausssche Abhandlung folgende interessante Mitteilung (vgl. das Berliner astron. Jahrbuch von 1862 oder die Gesammelten Abhandlungen Enckes von H. Gravelius, I. Bd. S. 102):

„Gauss hatte wahrscheinlich größere Hoffnungen auf diese Art der Integration gebaut, als er später verwirklicht fand. Er beschäftigte sich zu der Zeit, als ich unter ihm studierte, mit seiner Abhandlung, von der die einzelnen Bogen mir zur Abschrift mitgeteilt wurden, die ich noch als ein wertvolles Andenken bewahre. Die Berechnung der Pallasstörungen, die ebenfalls in dieser Zeit mit großem Eifer von ihm verfolgt wurde, mochte mit diesen Untersuchungen in enger Verbindung stehen. Später hat er, soviel mir bekannt, keinen Gebrauch davon gemacht, wovon der Grund nicht schwer nachzuweisen sein dürfte, und überhaupt möchte bei periodischen, größere Zeiträume umfassenden Funktionen eine Anwendung dieser Methode höchst selten vorkommen. Nur bei der Berechnung des numerischen Wertes eines einzelnen ganz bestimmten Integrals, dessen Ermittelung auf anderem Wege allzu beschwerlich ist, wird man eine zweckmäßige Anwendung machen können, wie Gauss es bei seiner Abhandlung in bezug auf das Integral $\int \frac{dx}{\log x}$ von $x = 100\,000$ bis $x = 200\,000$ als Beispiel ausgeführt hat."

Bemerkenswert ist noch, was Encke über eine praktische Prüfung der Leistungsfähigkeit der Gaussischen Methode im Vergleich zur Cotesischen berichtet (a. a. O. S. 124):

„In den ersten fünf Jahren der neuen Berliner Sternwarte beobachtete mein damaliger Gehilfe, der jetzige Direktor der Breslauer Sternwarte, Herr Prof. Galle, dreimal täglich den Barometerstand und Thermometerstand zu den Zeiten, welche um den neunten Teil des ganze Tagbogens später als Sonnenaufgang und früher als Sonnenuntergang fielen, und zurzeit des nahen Mittags. Er erreichte dadurch dieselbe Genauigkeit, als wenn er fünfmal täglich in gleichen Zeitintervallen die Beobachtungen angestellt hätte, wie es in der Tat auch die Erfahrung bei der Herleitung des mittleren Thermo- und Barometerstandes aus seinen Beobachtungen, verglichen mit denen einer längeren Reihe von Jahren, bestätigt hat."

Es handelt sich bei den Galleschen Beobachtungen um diejenige Abszissenwahl im Tagesintervall (0,1), die dem dritten Gaussschen Polynom T, also

$$T = t^3 - \frac{3}{2}t^2 + \frac{3}{5}t - \frac{1}{20} \qquad \left(U = u^3 - \frac{3}{5}u\right)$$

entspricht (vgl. Artikel 22, Nr. III der Gaussschen Abhandlung).

$\frac{1}{9}$ ist als Näherungswert für $a = 0{,}1127016653792583$ benutzt. Die Mittagszeit wird durch die Wurzel $a' = 0{,}5$ markiert. $\frac{1}{9}$ des Tages vor Sonnenuntergang ist ungefähr der zur dritten Wurzel a'' gehörige Zeitpunkt.

Auffallend erscheint es, daß man diese Methode der ungleichen Intervalle sonst nirgends benutzt hat.

Anmerkungen.

1. Zu S. 26. Y ist das Polynom, welches die Lagrangesche Interpolationsformel liefert. Gauss scheint Lagranges Autorschaft nicht zu kennen oder nicht anzuerkennen (vgl. unsere 2. Anmerkung zu Jacobi). Die Lagrangesche Interpolationsformel steht in den Leçons élémentaires sur les mathématiques données à l'École normale en 1795 (auch deutsch von Niedermüller, Leipzig bei Teubner). Diese Vorlesungen wurden 1812 auf Lagranges Wunsch im Journal de l'École polytechnique veröffentlicht (vgl. die Fußnote Serrets in seiner Lagrange-Ausgabe, Bd. VII, S. 183).

2. Zu S. 36. Wieder die Lagrangesche Interpolationsformel ohne Angabe des Autors.

3. Zu S. 38. Man setzt am einfachsten

$$T = (t - a)\,T_1 .$$

Dann folgt durch Differentiation

$$\frac{dT}{dt} = T_1 + (t - a)\frac{dT_1}{dt},$$

also

$$\left(\frac{dT}{dt}\right)_{t=a} = (T_1)_{t=a} = (a - a')\ldots(a - a^{(n)}) = M.$$

4. Zu S. 54. Es handelt sich um die berühmte Arbeit über die hypergeometrische Reihe

$$F(\alpha, \beta, \gamma, x) = 1 + \frac{\alpha\beta}{1\cdot\gamma}x + \frac{\alpha(\alpha+1)\beta(\beta+1)}{1\cdot 2\cdot\gamma(\gamma+1)}x^2 + \ldots$$

Die zitierte Formel lautet

$$\log \frac{1+t}{1-t} = \cfrac{2t}{1 - \cfrac{\frac{1}{3}t^2}{1 - \cfrac{\frac{2\cdot 2}{3\cdot 5}t^2}{1 - \cfrac{\frac{3\cdot 3}{5\cdot 7}t^2}{1 - \cfrac{\frac{4\cdot 4}{7\cdot 9}t^2}{1 - \text{usw.}}}}}}$$

5. Zu S. 55. Die Ausdrücke W sind bis auf konstante Faktoren die sogenannten Legendresche Polynome. Sie lassen sich folgendermaßen darstellen:

$$W^{(n)} = c_n \frac{d^n\,[(u^2-1)^n]}{d\,u^n},$$

wobei c_n so zu wählen ist, daß der höchste Koeffizient 1 wird. Man erhält diese Legendreschen Polynome als Koeffizienten, wenn man

$$\frac{1}{\sqrt{1-2\,t\,u+t^2}}$$

nach Potenzen von t entwickelt. Vgl. z. B. Heine: Handbuch der Kugelfunktionen, wo übrigens im 2. Bande die Gausssche Theorie vollständig dargestellt wird.

6. Zu S. 57. Die zitierte Formel lautet

$$F(\alpha, \beta+1, \gamma+1) - F(\alpha, \beta, \gamma) = \frac{\alpha(\gamma-\beta)\,x}{\gamma(\gamma+1)} F(\alpha+1, \beta+1, \gamma+2).$$

IV. Jacobi.

Der Kerngedanke der aus Bd. 1 des Crelleschen Journals hier mitgeteilten deutschen Arbeit Jacobis besteht darin, daß die Gausssche Fragestellung auf folgendes Problem reduziert wird:

Ein Polynom n-ten Grades zu finden, das mit jedem Polynom niedrigeren Grades ein Produkt liefert, dessen Integral (längs des Grundintervalles) verschwindet.

Jacobi hält es für unnötig zu sagen, daß dieses Problem mehr als 40 Jahre vor ihm von Laplace und Legendre gelöst war, und zwar bildet das n-te Legendresche Polynom

$$C_n \cdot \frac{d^n\,\{(x-a)^n (x-b)^n\}}{d\,x^n}$$

die Lösung, wenn $a \ldots b$ das Grundintervall ist.

Hätte Jacobi die Anknüpfung an diese Vorarbeiten nicht verschmäht, so wäre sein Beweis auf die Hälfte des Umfanges zusammengeschrumpft.

Wir wollen noch bemerken, daß man das Gausssche Problem auch als reines Interpolationsproblem behandelt hat. Die Aufgabe lautet dann:

Wie muß die Newtonsche Parabel $(n-1)$-ter Ordnung

$$Y = P(x)$$

gewählt werden, damit sie die gegebene Kurve

$$y = f(x)$$

möglichst genau im Intervall $a \ldots b$ darstellt?

Faßt man die Genauigkeit im Sinne der Methode der kleinsten Quadrate auf, so wird gefordert, daß das Integral

$$\int_a^b \{f(x) - P(x)\}^2 \, d\,x$$

ein Minimum sei. Nach der älteren Newtonschen Formel (vgl. Anmerkung 4 zu Newton) ist aber

$$f(x) - P(x) = (x - x_0)(x - x_1) \ldots (x - x_{n-1})[y_0\, y_1 \cdots y_{n-1}\, y]\,.$$

Das Integral nimmt also folgende Gestalt an

$$\int_a^b \{(x - x_0) \ldots (x - x_{n-1})\}^2 [y_0\, y_1 \cdots y_{n-1}\, y]^2 \, d\,x$$

oder nach dem Mittelwertsatz

$$[y_0\, y_1 \cdots y_{n-1}\, \eta]^2 \cdot \int_a^b \{(x - x_0) \ldots (x - x_{n-1})\}^2 \, d\,x\,.$$

Über den ersten Faktor dieses Produktes läßt sich nichts sagen, da er von der unbekannten Funktion $f(x)$ abhängt. Dagegen ist der zweite Faktor ganz unabhängig von $f(x)$. Es liegt nahe, durch möglichste Verkleinerung des zweiten Faktors eine Herabdrückung des Produktes zu versuchen. Man kommt hierdurch auf die Frage:

Wann ist das Integral

$$\int_a^b \{(x - x_0) \ldots (x - x_{n-1})\}^2 \, d\,x$$

ein Minimum?

Die Antwort lautet: $x_0, x_1, \ldots, x_{n-1}$ müssen die Wurzeln des n-ten Legendreschen Polynoms sein. Das deckt sich aber mit dem Gaussschen Ergebnis.

Anmerkungen.

1. Zu S. 69. Gemeint ist das mehrfach zitierte Lemma V des 3. Buches der Principia.

2. Zu S. 70. Die Partialbruchzerlegung wurde 1702 von Leibniz gefunden. Durch Multiplikation mit dem Nenner $\varphi(x)$ ergibt sich aus ihr die Lagrangesche Interpolationsformel, die übrigens neuerdings auch Waring zugeschrieben wird.

3. Zu S. 74. Der Zusammenhang zwischen den Integralen

$$\int \varphi(x)\,dx, \quad \int x\,\varphi(x)\,dx, \quad \ldots, \quad \int x^{n-1}\varphi(x)\,dx$$

und dem n-fachen Integral

$$\int^{n} \varphi(x)\,dx^n$$

läßt sich am kürzesten durch die Formel

$$\int^{n} \varphi(x)\,dx^n = \int_0^x \frac{(x-z)^{n-1}}{(n-1)!}\,\varphi(z)\,dz$$

ausdrücken.

4. Zu S. 75. Man vermißt hier den Hinweis auf Legendre. Jacobi hat ihn in einer späteren Arbeit „Über eine besondere Gattung algebraischer Funktionen, die aus der Entwicklung der Funktion $(1-2xz+z^2)^{-1/2}$ entstehen" (Crelles Journal, Bd. 2) nachgeholt. Er zitiert dort Legendres einschlägige Abhandlungen aus den Jahren 1784 und 1789 und entwickelt verschiedene neue Eigenschaften der Legendreschen Polynome, so die Darstellbarkeit des $n$ten Polynoms $X^{(n)}$ als $n$te Ableitung. Zum Schluß heißt es dann: „Übrigens ist die Funktion $X^{(n)}$ dieselbe, welche Gauss in seiner Abhandlung Methodus nova integralium valores etc. mit U bezeichnet. . . ."

Metzger & Wittig, Leipzig.

www.ingramcontent.com/pod-product-compliance
Lightning Source LLC
LaVergne TN
LVHW091729021026
849161LV00003BB/498